国家电网有限公司特高压建设分公司
STATE GRID UHV ENGLNEERING CONSTRUCTION COMPANY

特高压工程建设典型案例
（2022年版）

技经管理分册

国家电网有限公司特高压建设分公司　组编

中国电力出版社
CHINA ELECTRIC POWER PRESS

内 容 提 要

为进一步落实国家电网有限公司"一体四翼"战略布局，促进"六精四化"三年行动计划落地实施，提升特高压工程建设管理水平，国家电网有限公司特高压建设分公司系统梳理、全面总结特高压工程建设管理经验，提炼形成《特高压工程建设标准化管理》等系列成果，涵盖建设管理、技术标准、施工工艺、典型工法、经验案例等内容。

本书为《特高压工程建设典型案例（2022年版）　技经管理分册》，包括工程可研与初步设计阶段、工程建设阶段、工程后期阶段三章共 75 个典型案例。每个案例均设置了案例描述、案例分析和指导意见/参考做法，参考性和指导性强。

本套书可供从事特高压工程建设的技术人员和管理人员学习使用。

图书在版编目（CIP）数据

特高压工程建设典型案例：2022年版．技经管理分册/国家电网有限公司特高压建设分公司组编 . —北京：中国电力出版社，2023.7
ISBN 978 - 7 - 5198 - 7846 - 7

Ⅰ.①特…　Ⅱ.①国…　Ⅲ.①特高压电网－电力工程－技术管理－案例　Ⅳ.①TM727

中国国家版本馆 CIP 数据核字（2023）第 087603 号

出版发行：中国电力出版社
地　　址：北京市东城区北京站西街 19 号（邮政编码 100005）
网　　址：http://www.cepp.sgcc.com.cn
责任编辑：翟巧珍（806636769@qq.com）
责任校对：黄　蓓　常燕昆
装帧设计：郝晓燕
责任印制：石　雷

印　　刷：北京九天鸿程印刷有限责任公司
版　　次：2023 年 7 月第一版
印　　次：2023 年 7 月北京第一次印刷
开　　本：880 毫米×1230 毫米　16 开本
印　　张：4.75
字　　数：103 千字
定　　价：40.00 元

版 权 专 有 侵 权 必 究

本书如有印装质量问题，我社营销中心负责退换

《特高压工程建设典型案例（2022年版）技经管理分册》

编 委 会

主 任 蔡敬东 种芝艺

副主任 孙敬国 张永楠 毛继兵 刘 皓 程更生 张亚鹏
　　　　 邹军峰 安建强 张金德

成 员 刘良军 谭启斌 董四清 刘志明 徐志军 刘洪涛
　　　　 张 昉 李 波 肖 健 白光亚 倪向萍 肖 峰
　　　　 王新元 张 诚 张 智 王 艳 王茂忠 陈 凯
　　　　 徐国庆 张 宁 孙中明 李 勇 姚 斌 李 斌

本书编写组

组 长 刘 皓

副 组 长 张 昉 李 波

主要编写人员 李媛媛 张宝财 朱志平 田 洁 张 伟 黄天翔
　　　　　　　 邓佳佳 张 笑 张崇涛 马 腾 杨 芳 李盈盈
　　　　　　　 陈鄂球 胡 俊 张燕红 李戴玉 陈 畅 吴丽娟
　　　　　　　 杨 山 林福生 左 浩 李 浩 杨恒杰 董 然
　　　　　　　 师俊杰 陈继军 卢 玉 刘 强 王美玲 王玉军
　　　　　　　 李相年 徐海明

序

从 2006 年 8 月我国首个特高压工程——1000kV 晋东南—南阳—荆门特高压交流试验示范工程开工建设，至 2022 年底，国家电网有限公司已累计建成特高压交直流工程 33 项，特高压骨干网架已初步建成，为促进我国能源资源大范围优化配置、推动新能源大规模高效开发利用发挥了重要作用。特高压工程实现从"中国创造"到"中国引领"，成为中国高端制造的"国家名片"。

高质量发展是全面建设社会主义现代化国家的首要任务。我国大力推进以稳定安全可靠的特高压输变电线路为载体的新能源供给消纳体系规划建设，赋予了特高压工程新的使命。作为新型电力系统建设、实现"碳达峰、碳中和"目标的排头兵，特高压发展迎来新的重大机遇。

面对新一轮特高压工程大规模建设，总结传承好特高压工程建设管理经验、推广应用项目标准化成果，对于提升工程建设管理水平、推动特高压工程高质量建设具有重要意义。

国家电网有限公司特高压建设分公司应三峡输变电工程而生，伴随特高压工程成长壮大，成立 26 年以来，建成全部三峡输变电工程，全程参与了国家电网所有特高压交直流工程建设，直接建设管理了以首条特高压交流试验示范工程、首条特高压直流示范工程、首条特高压同塔双回交流示范工程、首条世界电压等级最高的特高压直流输电工程为代表的多项特高压交直流工程，积累了丰富的工程建设管理经验，形成了丰硕的项目标准化管理成果。经系统梳理、全面总结，提炼形成《特高压工程建设标准化管理》等系列成果，涵盖建设管理、技术标准、工艺工法、经验案例等内容，为后续特高压工程建设提供管理借鉴和实践案例。

他山之石，可以攻玉。相信《特高压工程建设标准化管理》等系列成果的出版，对于加强特高压工程建设管理经验交流、促进"六精四化"落地实施，提升国家电网输变电工程建设整体管理水平将起到积极的促进作用。国家电网有限公司特高压建设分公司将在不断总结自身实践的基础上，博采众长、兼收并蓄业内先进成果，迭代更新、持续改进，以专业公司的能力与作为，在引领工程建设管理、推动特高压工程高质量建设方面发挥更大的作用。

2023 年 6 月

　　结算工作是工程投资控制收口把关的关键环节，是工程决算的重要基础，是审计检查的重点关注内容。为适应特高压工程规模化建设的新常态，适应工程建设管理模式的新变化，适应"六精四化"（"六精"是指精益求精抓安全、精雕细刻提质量、精准管控保进度、精耕细作抓技术、精打细算控造价、精心培育强队伍；"四化"是指标准化、绿色化、模块化、智能化）开展工程建设新要求，传承特高压工程建设管理经验，提升工程结算工作标准化、规范化、专业化、精益化水平，提升工程建设效率效益，国家电网有限公司特高压建设分公司组织编写了《特高压工程建设典型案例（2022年版） 技经管理分册》。

　　书中的案例均选自特高压工程建设过程中实际发生的结算共性问题和典型事件。每个案例的发生都有其特定的背景和条件，编制时尽力提炼每个案例的典型部分，客观描述事件基本信息，结合工程实际执行的招标文件与合同约定来确定案例分析和结算原则，给出供参考使用的指导意见和具体做法。使用过程请注意类似案例的适用边界条件，基于工程建设实际和执行合同，具体情况具体分析。

　　本书汇总梳理了75个典型案例，其中工程可研与初步设计阶段14个、工程建设阶段24个、工程后期阶段37个。随着形势地变化、要求地提高和经验地积累，本书将进行后续的调整、补充与完善，以更好地服务特高压工程建设。

编者

2023 年 4 月

目录

第一章　工程可研与初步设计阶段

第一节　可行性研究深度方面

案例 1　线路路径调整

【案例描述】

本案例具有代表性的事件如下：

（1）某项目可行性研究阶段确定新建输电线路路径方案时，未收集该线路工程跨越某河道的主管部门——省水利厅跨越河道路径方案的书面同意意见。初步设计阶段依据《××线路工程洪水影响评价报告的初审意见》要求，跨越该河道的线路需要调整路径，调整路径增加工程投资。

（2）某项目可行性研究阶段取得了某市政府部门的相关路径协议，但在初步设计阶段，发现政府部门出具的相关路径协议与政府现有的城市规划不符，路径需要进行重大调整，调整路径增加工程投资。

【案例分析】

该项目建设期依据标准《输变电工程可行性研究内容深度规定》（DL/T 5448—2012）"3.5.1 路径选择基本要求，应结合系统论证、站址选择等，开展路径选择工作。输电线路路径选择应充分考虑地方规划、压覆矿产、自然条件（海拔高程、地形地貌）、水文气象条件、地质条件、交通条件、军事设施、自然保护区、风景名胜和重要交叉跨越等，重点解决线路路径的可行性问题，避免出现颠覆性因素"。新建线路工程路径协议收集整理时，可能忽略以下内容：

（1）协议的完整性：主要体现为没有全面取得推荐路径方案与沿线主要部门的原则协议。如由于设计单位事先对相关政策文件规定研究不全不细，对需取得协议的行政管理主体或利益主体存在缺漏。

（2）协议的有效性：主要体现为可行性研究阶段取得协议的深度不够。如由于设计单位对线路路径现场查勘不够详细，未能提供详细的图纸、资料，导致协议回复意见不明确或存在不确定性；设计单位在未充分了解相关规划、政策情况下取得相关协议，项目实施阶段发现与现有城市规划、用地政策不符等，需要进行较大的调整，使得项目无法按计划实施。

（3）协议的时效性：主要体现为协议没有明确的时限要求，由于外部环境变化造成协议失去效力。如在规划和用地协议上，在地方城市规划调整后，未能掌握原方案已不符合规划和用地等外部条件的要求。

【指导意见/参考做法】

（1）积极争取电网规划纳入地方城市发展规划。争取把电网发展规划纳入各地城乡土地利用总体规划及控制性详细性规划，预留变电站和输电线路走廊，提前开展电网规划布局，并提高规划的准确程度，以减少外部环境变化带来的决策风险。

（2）确保各项协议达到应有的深度：一方面，要细化协议的内容，包括协议有效时限、具体路径描述、协议的附图和附件，为下一步立项决策提供充分的依据；另一方面，要加强与地方政府相关职能部门的沟通，在项目可行性研究阶段充分征求意见，使相关部门参与到项目可研的过程中，确保协议签订的有效性。

案例 2　线路工程勘察深度不够

【案例描述】

某项目设计单位在编制可行性研究报告时，未按要求深度进行勘察，对地质、区域构造、地层岩性、岩土构造等内容仅凭经验分析，导致后期基础形式出现较大变化，造成工程投资增加。

【案例分析】

该项目建设期依据《输变电工程可行性研究内容深度规定》（DL/T 5448—2012）的"2.0.4 可行性研究报告应满足以下要求：5 对新建线路的路径方案进行技术经济比较，并进行必要的调查、收集资料、勘测和试验工作，提出推荐意见"。

可行性研究阶段收资不充分或技术深度不足，未开展或未按可行性研究内容深度规定开展相关工作，导致实施过程中发生重大设计变更，引起较大的技术方案或费用变化，给项目实施带来较大的投资控制风险。

【指导意见/参考做法】

（1）严格执行可行性研究深度管理要求。可行性研究阶段，设计单位应做深入细致的调查、勘察、研究，对地质、地层岩性、岩土构造等可能造成项目技术方案发生较大变化或对投资产生较大影响的因素予以确认；设计单位应提升在特高压工程中应用新技术、新工艺、新材料等的创新能力，提高设计水平，适应可行性研究工作的要求。

（2）保证可行性研究报告必要编制时间。保证可行性研究报告编制时间是满足可行性研究深度的必要措施。及时开展可行性研究，保证充分的工作时间，完成相关技术工作。

第二节 初步设计深度方面

案例1 初步设计阶段施工组织设计编审深度不够

【案例描述】

某项目初步设计方案明确输电线路路径跨越一大型湖面，并且部分塔位立于湖中，但未结合工期跨越夏季汛期和雨季明确提出施工特殊措施，相关措施项目及费用未在初步设计阶段合理计列。实际实施过程中，经方案评审，须采取湖中修筑围堰、搭设施工操作平台、修筑湖堤至施工平台的运输道路等特殊施工措施，相应项目及费用超出初步设计概算范围。

【案例分析】

（1）初步设计阶段未按规定细化施工组织设计。该项目建设期依据《架空输电线路工程初步设计内容深度规定》（DL/T 5451—2012）的"8.0.1 一般线路施工组织设计大纲可作为说明书的一个章节，对投资影响较大的施工方案（如交通困难地段临时施工道路、索道、索桥修筑等）应单独编制施工组织设计大纲"。初步设计技术文件对湖中塔位基础及立塔进行了相关技术说明，但未编制相应的施工组织方案、未明确湖中立塔需采取特殊施工措施、概算编制时未计列相应的特殊施工措施费用。

（2）初步设计方案未结合工程工期合理考虑相关施工方案。设计单位现场踏勘时，该湖处于枯水期，而根据工程建设进度计划，工程实施时该湖处于丰水期，初步设计阶段未考虑实际施工期间应采取的施工措施，未合理计列相关项目及费用。

【指导意见/参考做法】

深化初步设计方案编制及评审。在初步设计阶段，设计单位应根据工程建设进度计划，对位于特殊位置的铁塔基础处理、铁塔组立或重要跨越施工等情况，组织编制并评审专项施工方案及费用，合理计列相关项目及费用。

案例2 工程概算编制不细致

【案例描述】

某变电站扩建工程，设计单位在编制概算时，未认真核实扩建工程规模，GIS设备价格直接采用一期新建工程采购价格，站内设备特殊试验项目直接采用一期新建实施项目，引起投资控制风险。

【案例分析】

（1）设计单位未严格对比本期扩建工程与一期新建工程规模，对两期工程设备内组件是否一致未严格比对，直接按照一期新建工程设备采购合同计列费用，扩建工程部分设备概算价格不合理。

（2）设计单位对站内设备特殊调试方案及项目收资不够深入，直接参考一期新建工程特殊试验项目计列概算费用，与扩建工程实际特殊试验项目不匹配。

【指导意见/参考做法】

（1）加强工程概算编制和评审管理。在初步设计阶段，概算编制要明确编制依据，全面收集当期信息价、市场价等价格依据，合理计列项目及费用。

（2）扩建工程重点关注项目。初步设计阶段，扩建工程主设备应结合工程规模，考虑施工场地限制、一期成品保护、接口拆除恢复、电气安全距离规定、运行管理要求等因素，需重点关注站内道路修复及绿化修复、施工作业区与运行区隔离措施、拆除工程、建筑垃圾清运及处置、站区绿化、GIS/HGIS 安装用防尘房移位措施、监控系统及电气二次改造特殊防护措施等项目。

第三节　招标文件及合同编制方面

案例1　施工招标文件描述不清

【案例描述】

本案例具有代表性的事件如下：

（1）某输电线路施工招标文件中明确在线监测装置采用总价包干方式，招标工程量清单备注该工程量为"估列"，结算时对该费用为总价包干还是按照综合单价调整结算费用产生争议。

（2）某变电站土建工程招标工程量清单中，将站区绿化工程量计列为1项，技术规范书明确站区绿化承包范围为"简单绿化"，结算时对"简单绿化"的具体理解产生分歧。

【案例分析】

（1）招标文件起草阶段，技术专业人员与技经专业人员沟通不够，对招标文件整体把控不够。

（2）招标文件的部分条款设置，未充分考虑对报价、结算等产生的关联影响。

（3）招标文件编制和评审人员业务水平不够或经验不足，对工程量清单编制要求、招标项目特点、设计文件等不熟悉，导致招标文件质量不高。

【指导意见/参考做法】

（1）加强专业协同和标准化。强化技术、技经专业协同；加强清单编制质量审核，逐步完善标准化模板。

（2）合理制订工作计划。合理安排招标文件、工程量清单编制及评审时间，确保工作质量。

案例2　招标未提供地勘报告或地质比例与实际差异较大

【案例描述】

本案例具有代表性的事件如下：

（1）某变电站土建招标文件未提供地勘报告，招标时土质类别不明确，与地质关联的项目报价无基础依据，导致投标时的地质预测与实际地质存在较大差异，后期工程费用变化较大。

（2）某输电线路工程招标工程量清单说明中的沿线地质条件，即普通土、坚土、松砂石及岩石的比例与实际施工时地质比例差异较大，造成土方工程实际结算费用与合同费用差异较大。

【案例分析】

（1）项目工期紧，设计单位勘察成果深度不能满足招标要求。

（2）招标文件编制时，工程仅完成初步勘察作业，尚未进行详细勘察作业及施工勘察作业。

【指导意见/参考做法】

（1）勘察成果的提交应满足工程量清单编制要求。要求勘察设计单位在招标工程量清单编制前，完成详勘工作并提交相应资料，招标文件中应明确地质勘察情况。

（2）组织研究提出由于地质变化的结算调整原则，并在合同条款中予以说明。

案例3　施工与物资合同间关联索赔不闭环

【案例描述】

本案例具有代表性的事件如下：

（1）某输电线路工程塔材为甲供，铁塔组立过程中发现有部分组件加工有误，塔材不能正常安装，必须进行扩孔或重新打孔才能安装，施工单位需更换塔材，施工单位向业主项目部提出了费用索赔，主要包括更换塔材的费用及由于塔材调换造成的窝工费用。

（2）某变电站由于设备质量或缺陷原因引起的额外试验增加施工及误工费用，施工单位向业主提出索赔申请。

【案例分析】

（1）塔材及设备运抵现场开箱验货时，难以直接发现对安装施工带来影响的缺陷，在安装施工过程中发现对其产生影响的缺陷，造成施工单位返工或现场停工待料，从而增加施工单位的返工成本或窝工损失。

（2）施工单位与甲供设备物资供货单位没有合同关系，无法向供货单位进行索赔，根据合同关系，施工单位只能向发包单位提交索赔申请。

【指导意见/参考做法】

（1）加强建设单位的主动协调。如出现由于甲方供应的设备材料质量问题导致施工单位索赔时，建设管理单位应主动协调供货单位及施工单位会商处理索赔费用，通过会商机制三方确定具体索赔费用金额及支付方式。

（2）进一步完善合同条款内容。如甲供材料设备供货合同中应明确由于供货质量问题引起的施工单位索赔应如何处理的条款，该条款应与施工合同条款形成闭环。

（3）实现关联合同管理闭环。施工合同与供货合同、施工合同与设计合同、施工合同与监理合同等，在相互关联的条款规定上应相互呼应，从建设单位角度出发形成管理闭环。

（4）规范索赔管理流程。施工单位应在知道或应当知道索赔事件后，按合同规定的流程向监理单位递交索赔意向通知书及正式递交索赔通知书。监理单位也必须按合同规定的流程规范处理索赔事项，并及时向建设管理单位书面汇报相关事宜。

（5）及时形成完整有效资料。监理单位应会同建设管理单位协调相关单位完善索赔资料，如责任认定书、现场验货记录等。

第四节　招标工程量清单编制方面

案例1　清单工程量不准确或不合理

【案例描述】

本案例具有代表性的事件如下：

（1）某输电线路工程，现浇基础及挖孔桩清单子目招标工程量与工程实际存在较大差异，引起不平衡报价，造成费用变化较大，引起投资控制风险。

（2）某输电线路工程土石方清单子目招标工程量未按招标文件明确的工程量清单计算规范规则编制，而是按定额计算规则编制，造成费用变化较大。

（3）某变电站主变压器7台，编制招标文件时，由于工程工期的不确定性及设备供货等因素，需冬季安装的主变压器台数可能会发生变化，讨论后确定冬季特殊施工措施费综合计入主变压器安装综合单价。设计单位按照当时排定的工程进度计划考虑主变压器全部冬季安装。由于实际冬季施工台数只会减少不会增加，可能造成投标单位不平衡报价，引起投资控制风险。

【案例分析】

（1）未达到施工图设计深度，按照工程量清单招标，施工图工程量较招标工程量可能发生较大变化。招标文件编制时，未深入考虑上述因素可能引起的不平衡报价，后期增加投资控制风险。

（2）招标工程量清单编制时，部分清单子目的工程量计算不准确，未按照招标文件约定的工程量计算规则提出招标工程量，或对招标工程量的审核不够细致深入，造成施工图工程量较招标工程量产生较大差异。

【指导意见/参考做法】

（1）加强清单工程量提资依据审查。重点审查清单工程量是否依据最新的终勘成果编制，与类似已投产工程施工图量的对比情况，以及工程量计算规则是否符合招标文件约定。

（2）加强清单工程量变动对费用结算影响的预判。对招标时确实无法准确提资，且施工图量可能产生重大变化的项目，应事先研究确定合理的提量原则、发包方式、评标办法和结算条款，尽量减少不平衡报价带来的投资控制风险。

案例2　清单总价包干项目未实施或未全部实施

【案例描述】

本案例具有代表性的事件如下：

（1）某输电线路招标文件及其所附合同中注明其他项目费用为总价包干结算，招标工程量清单其他项目"施工场地租用及补偿费"按照1项列出，投标单位报价时根据招标工程量清单分部分项中的塔基数量进行报价，如塔基数量为52基，"施工场地租用及补偿费"报价计算说明为52基×6.5万元/基，形成该项报价为338万元。施工图塔基数量调整为46基，而根据招标文件及合同约定的总价包干结算方式，结算时对于由于塔基数量变化引起的费用增减产生争议。

（2）某项目由于建设方案优化，招标工程量清单中按照总价承包方式计列的部分项目无需实施或实施工作内容数量减少，如输电线路跨越高铁协调费未发生、桩基检测费由招标时10基调整为6基。工程结算时，施工单位以总价包干项目结算不予调整为由，对调减未实施部分的结算费用存在争议。

【案例分析】

（1）投标单位对招标文件的要求理解不够，以"项"为单位的总价包干项目，投标文件形成以"基"为单位的报价形式。

（2）涉及工程主体的总价包干项目数量减少或者增加，主要是设计深度不够造成的，如"桩基检测"数量的变化。

（3）其他总价包干项目费用增减的风险是招标时难以预测的。

【指导意见/参考做法】

（1）合理确定项目承包方式。对于与主体工程量相关的项目，首先考虑采用综合单价承包的方式。对于与主体工程量没有直接关联的项目，需结合工程实际综合考虑并合理确定其发包方式。

（2）合理编制与项目承包方式相关联的合同结算条款。对于与主体工程量没有直接关联的项目，采取总价承包方式进行招标时，在合同中明确根据项目实际实施情况进行结算的相关条款。

案例3　清单项目特征描述不规范或不全面

【案例描述】

本案例具有代表性的事件如下：

（1）某变电站电气安装工程施工招标工程量清单中，部分清单项目特征描述不全面。例如，行车规格型号和配电箱材质没有描述，导致施工单位认为施工图纸明确的具体规格型号是与招标工程量清单相关清单子目相比的项目特征的变化，由此提出相关结算申请。

（2）某变电站土建工程招标工程量清单中的钢筋清单子目，项目特征未描述其搭接等方式，投标单位无法确定钢筋连接方式是采用搭接还是套管连接，采用碰焊方式还是外购螺栓连接等方式，导致施工单位认为施工图纸明确的具体连接方式是与招标工程量清单相关清单子目相比的项目特征的变化，施工图纸要求的连接方式与投标单位报价不一致时，由此提出相关结算申请。

【案例分析】

（1）清单编制时，部分清单子目编制深度与施工图纸存在一定差异，不能有效引导合理投标报价。

（2）清单编制时，对项目特点及施工方案掌握不够全面深入，部分清单子目的项目特征描述不够准确，引起后期结算争议。

【指导意见/参考做法】

（1）招标工程量清单子目的项目特征要根据招标时的设计文件及技术要求进行描述。对于招标工程量清单项目特征涉及类似材质规格型号、连接方式等对其综合单价影响较大的项目，应在其项目特征中进行明确，减少后续结算争议。

（2）招标工程量清单中，对于招标时无法准确描述的项目特征或工作内容，应在招标文件中明确具体处理原则或结算方式。例如，余土外运清单子目的项目特征中要求明确土方运距，如在招标阶段尚未选定取土场和弃土场，则招标工程量清单编制时无法描述较为准确的运距，在余土外运清单子目的项目特征中应明确："运距由投标人自行测算，结算时不管运距较投标是否有变化，余土外运综合单价不调整"，或明确运距范围时，应同时在合同中明确实际实施时运距发生变化时的结算条款。

案例 4 清单项目工作内容交叉

【案例描述】

本案例具有代表性的事件如下：

（1）某变电站 GIS 基础装配间屋面压型板安装工作内容与材料供货合同工作内容交叉。压型板采购合同中含压型板的安装工作内容，安装施工合同中也包含了该材料的安装工作内容。

（2）某系统通信安装工程中包含通信调度交换机、行政交换机、综合数据网等安装调试工作内容，电气安装施工合同中也包含以上项目。

（3）某项目主变压器和高压并联电抗器设备大件运输合同中包含了设备的码头装卸工作内容，设备供货合同也包含了装卸工作内容。

【案例分析】

同一工作内容涉及不同专业管理，分别由不同单位或不同管理部门负责实施，造成其分工界面不明确或存在交叉。项目招标前未对所有招标项目的招标范围进行整体策划及界面划分，专业协同不足，造成不同招标项目的工作界面出现交叉，工作内容出现重复等现象。

【指导意见/参考做法】

（1）加强招标方案整体策划。招标前，应对所有招标项目范围、工作界面及工作内容进行科学策划，合理划分标段，特别是涉及跨专业或跨部门管理的项目，应加强沟通与评审。

（2）招标时注意对相关资料的收集整理。施工招标时应注意收集主变压器及 GIS 的设备采购合同，关注设备采购合同中的交货地点、交货方式、工作内容。

（3）工程结算时注意各专业的界面划分。结算审核时，要重点关注施工界面划分是否存在交叉的工作内容，关注交叉部分的工程施工主体，避免费用重复结算。

案例5　清单子目设置引起的结算风险

【案例描述】

某变电站土建招标工程量清单中，现浇桩、防火墙、事故油池等分部分项工程项下未单独设置钢筋子目，结算时，施工单位申请在上述分部分项工程项下新增钢筋清单子目，单独计量并计入结算。

【案例分析】

根据施工招标文件明确的清单子目计算规则，现浇桩、防火墙、事故油池等部位的钢筋可以单独计量，结算时新增钢筋子目并参照原招标工程量清单投标报价组价计入结算。对于地面、屋面、广场、道路等部位的钢筋，如招标工程量清单单独设置钢筋子目，结算时不予考虑上述部位的钢筋工程量。

对于预埋铁件，根据施工招标文件"各清单子目仅列出了主要工作内容，除另有规定和说明外，应视为已经包括完成该项目所列或未列的全部工作内容，投标人需参考当时现行的《电网工程建设预算编制与计算规定（2013年版）》配套概算定额相应工作内容范围进行投标报价"。对于基础工程、钢筋混凝土工程、厂区建筑工程，其概算工作内容包含铁件制作和预埋，上述分部分项工程的铁件制作和安装应单独计列清单子目并纳入结算。如清单漏项，结算时新增子目并在合理范围内参照原招标工程清单投标报价组价计入结算。

【指导意见/参考做法】

（1）钢筋能否单独设置清单子目并计入结算，需要根据投标报价说明相关规定进行判断，对于招标时明确分部分项工程项下可单独列项的钢筋子目，如在招标工程量清单中未单独列项，结算时可新增子目并参照原招标工程量清单投标报价组价计入结算；对于招标时明确不能单独列项的钢筋子目，视其已包含在原招标工程量清单其他分部分项工程量清单子目中，则该钢筋子目不予单独列项结算。对于基础工程、钢筋混凝土工程、厂区建筑工程，其工作内容中铁件制作和安装应单独设置清单子目并计入结算，如招标工程量清单未包含，可以新增子目。

（2）施工招标阶段，要根据投标报价说明中明确的工程量清单子目相关要求编制招标工程量清单，确保招标文件约定与清单设置原则一致，避免结算争议。

第五节　投标报价方面

案例1　投标单位不平衡报价

【案例描述】

本案例具有代表性的事件如下：

（1）某项目结算时发现灌注桩基础清单子目的投标报价中，防冻剂价格按30000元/t计取。查阅其他标段、批复概算及信息指导价格，防冻剂大概在5000元/t，按此价格组价测算为1833元/m³。该标段灌注桩基础施工图工程量为8000m³，较招标工程量增加了15%，由于投标报价原因引起结算费用较合同费用增加较大。

（2）某项目评标时发现某单位总体报价较低，其中本体工程费报价较其他投标单位低，但总价包干项目报价较其他单位高。

【案例分析】

（1）投标单位通过不平衡报价早取得工程费用。前期施工项目报价高，后期施工项目报价低，施工单位可以较早取得进度款。

（2）投标单位通过不平衡报价增加索赔。实际实施时，工程量可能增加较大的项目报价高，反之报价低，增加了建设管理单位施工管理难度，改变了工程量清单招标的初衷。

（3）本体工程项目报价低，总价包干项目报价高。投标单位根据项目的建设情况，预测本体工程项目实际实施工程量会减少较多，因此降低投标报价。

【指导意见/参考做法】

（1）完善招标评标办法中报价质量的评价标准。招标文件中侧重对报价质量的评定，提高对存在重大不平衡报价项目的扣分比重，减少投标单位不平衡报价引起的后期结算风险。

（2）评标过程中重视商务标书的评审。可应用辅助清标软件对各投标单位报价进行对比分析，如超出一定幅度范围，可扣减相应的报价质量分。

（3）商务标书与技术标书相结合进行综合评定。评定投标单位投标报价措施费用，与投标技术文件施工组织设计中的工程实体施工措施及安全、环保等各项措施费用是否匹配，如明显不匹配的，应扣减报价质量分。

（4）合同中增加结算时对不平衡报价的限制使用条款。合同中界定限制使用的不平衡报价的判定标准，明确替代的结算价格确定原则，促使投标单位合理投标报价。如限制使用的不平衡报价的认定标准，可采用投标时该清单项目各投标人的平均报价值下浮或上浮一定比例作为非正常报价的限值。

案例2 评标未发现重大报价错误

【案例描述】

本案例具有代表性的事件如下：

（1）某项目结算时，发现其他项目清单的投标报价按照103.48%计算税金。施工单位提出投标时税金按照103.48%的费率计算，中标已认可此价格，结算时其他项目费用属于总价承包，应按照投标时的税率计算。

（2）某项目结算时，发现投标报价中架空线路工程费"综合单价计价表"小计与"工程项目投标总价汇总表"不一致。

（3）某项目结算时，发现某标段重锤安装投标综合单价为 294248 元/单相，而其他标段合同综合单价分别为 729 元/单相、379 元/单相、1458 元/单相等，与其他标段相比，存在明显报价错误，经与施工单位反复协商后，按合同原则重新组价，组价后综合单价为 1022 元/单相，节约工程投资 290 万元。

【案例分析】

（1）施工投标报价在总价汇总时电子表格出现勾稽错误。

（2）施工单位采用了不恰当的"不平衡报价"。

（3）评标时未发现相关报价错误。

【指导意见/参考做法】

（1）提升评标专家对重大报价错误评审的细致度，重点关注以下易错点：

1）报价金额是否与"投标报价汇总表合计""投标报价汇总表""分部分项工程量清单计价表"一致，大小写是否一致。

2）"投标报价汇总表合计"与"投标报价汇总表""投标报价汇总表"与"分部分项工程量清单计价表"的数字是否吻合，是否有算术错误。

3）综合单价分析表是否有偏高、偏低现象，分析原因，所用工、料、机单价是否合理、准确，是否为不平衡报价。

4）定额套用是否与施工组织设计安排的施工方法一致，机具配置是否与施工方案匹配，避免工料机统计表与机具配置表出现较大差异。

5）定额计量单位、数量与报价项目单位、数量是否相符合。

6）"分部分项工程量清单计价表"工程项目投标报价中的定额套用与其工作内容是否匹配。

（2）强化评标的清标工作质量和效率。根据特高压工程建设及招投标文件特点，应用信息化软件开展清标工作，将主要定量对比、分析工作交由计算机自动完成。

（3）完善招标文件及合同条款约定。对于投标单位报价错误，评标时应予以发现或修正，对可能的遗漏点，应在招标文件和合同条款中同步明确约定解决方式，减少后期结算纠纷。

（4）增加招标文件废标条款。对于某项清单子目的综合单价报价或总价包干项目投标报价，严重偏离招标控制价或其他标段报价，且会引起重大结算费用风险的情况，建议纳入招标文件的废标条款。

第二章 工程建设阶段

第一节 工程图纸及资料方面

案例1 施工图纸标识不全

【案例描述】

某变电站场平工程挖耕植土工程量与挖一般土方工程量存在重复计算。

施工图纸土方平衡图中列示了全站挖土方总量，其中列示的耕植土工程量注明不包括站内挖方区的耕植土工程量，因此，计算全站挖耕植土工程量时，应按照全站面积×挖土厚度计算，不能直接按照施工图纸中标注的不含挖方区域的耕植土工程量计取。

【案例分析】

施工图纸土方平衡图中列示的挖土方总量、挖耕植土工程量和挖一般土方工程量存在逻辑关系，相应的，当变电站有弃土时，全站挖方量与填方量、弃土量之间也存在逻辑关系。结算时，土方工程量应按照施工图纸标识的尺寸计算，不能直接按照施工图纸中列示的数量计取，同时要核对图纸列示数量与图纸标识尺寸是否相符，是否存在图纸列示不明或有误的情况，结合施工合同约定的工程量计算规则，最终确定结算工程量。

【指导意见/参考做法】

（1）挖耕植土工程量按照施工图示尺寸（全站面积×厚度）校核图纸列示的耕植土数量，取准确工程量作为结算工程量。挖一般土方工程量按照施工图纸列示的全站挖土方总量减去挖耕植土工程量结算。

（2）结算工程量应以施工图纸为依据，对于同一项目的工程量，在施工图纸中可能会有两种以上形式出现的，如平面布置图尺寸与详图尺寸、图示尺寸与清册量、图示尺寸与列示数量等，计算其工程量时，应按照施工合同约定的工程量清单计算规则，根据施工图纸标识尺寸计算并校核，得出准确的结算工程量。

（3）施工图会检时，相关参建单位应结合工程现场实际，对于施工图纸标识不全、不清或存在数量不一致等的情况提出修改意见，确保图纸标识清楚、齐全，且数量一致。

案例 2 施工图纸标识有误

【案例描述】

某变电站扩建工程施工图纸未对一期已施工部分的 1000kV GIS 室地面面层进行明确标识，扩建工程与一期工程地面面层存在部分重叠面积，扩建工程结算时按照施工图纸计算，多计算工程量。

【案例分析】

经核实变电站扩建工程 1000kV GIS 室施工图纸，未对一期已完成施工的地面面层进行标注，从而 1000kV GIS 室地面整体面层的结算工程量按照扩建工程施工图纸计算时，包括了部分一期已施工的工程量，造成工程量的重复计算。

设计单位梳理已出具的 1000kV GIS 室平面布置图和施工详图标识的具体尺寸差异，平面布置图中未标识如墙体等的具体尺寸，其具体尺寸在施工详图中体现，对于上述情况，设计单位应履行设计变更。仅依据 1000kV GIS 室平面布置图计算工程量不准确，需结合平面布置图和施工详图进行计算。

【指导意见/参考做法】

（1）按照施工合同约定，根据施工图纸和设计变更，计算扩建工程 1000kV GIS 室地面整体面层工程量。

（2）施工图会检和工程实施过程中，各参建单位应结合工程实际对施工图纸提出审查意见，设计单位应对施工图工程量进行细致地核实，尤其是扩建工程，更应注重与一期工程的接口，将上述不协同在工程建设过程中解决。

（3）工程竣工验收和结算时，应加强对施工图纸与现场一致性地核查，施工图工程量（包括经发包人认可的设计变更、签证）与现场实施工程量应保持一致，才能确保结算工程量与现场的一致性。现场实际情况也应如实反映到工程竣工图纸中。

案例 3 施工图纸标识不清

【案例描述】

某变电站土建工程结算审定主变压器毛石混凝土换填较竣工图工程量多 1502m³。施工图纸仅明确毛石混凝土换填的深度要求（即主变压器基础挖至设计标高且未达持力层时，需在基础或垫层下采用毛石混凝土换填至持力层），但未明确毛石混凝土换填的宽度，仅依据施工图纸无法计算出毛石混凝土换填的工程量。经核实，设计单位反馈在设计交底记录中提出需外延基础或垫层 200mm 的要求；实际施工时，毛石混凝土换填工程量均进行了现场签证，毛石混凝土换填的深度以地基验槽记录作为支撑性材料，毛石混凝土换填的宽度进行了签证确认，具体为 100、200、300mm 不等。结算时，按实际签证工程量核算毛石混凝土工程量。

【案例分析】

该工程审计人员提出，施工图纸未标识毛石混凝土换填的具体尺寸，而设计交底记录不是施工图纸的一部分，不能作为结算毛石混凝土工程量的设计依据；同时，在竣工图纸中未反映毛石混凝土换填的现场签证工程量，对现场签证的真实性存疑，不认可其签证量。所以，审计对上述未反映在图纸上的签证工程量不予认可。经与设计单位沟通，设计单位以设计环节无法确定毛石混凝土尺寸为由，拒绝在图纸中明确标识换填量。

出现此项问题主要有两方面原因：一是工程建设过程中，施工图纸未明确具体的技术参数要求，仅以现场签证结算，存在设计依据不足的风险；二是工程建设过程中，施工图纸中不能直接反映的毛石混凝土换填、挖冻土等现场签证工程量，且未如实反映在竣工图中，审计时依据竣工图纸，对结算工程量是否与工程实际相符存在质疑。

【指导意见/参考做法】

（1）毛石混凝土结算工程量按照施工图纸明确的换填深度，以现场签证确认的宽度计算，其中，换填深度以地基验槽记录作为支撑材料，相关签证工程量纳入工程竣工图纸中。

（2）结算工程量核算以施工图纸、设计变更和现场签证为主要依据：一是施工图纸要明确具体的技术参数，能够实际指导施工，具有可操作性；二是工程竣工后，业主项目部应组织施工单位编制竣工草图时，应标注涉及本体工程量的设计变更、现场签证、隐蔽工程、特殊施工措施等工程量，如实反映工程实体，提交监理审核，设计单位按照工程实际出具竣工图纸。

案例4 现场与施工图纸不一致

【案例描述】

某变电站场平工程铺砌护坡的材质及规格，施工图为六边形环状预制钢筋混凝土空心块，边长300mm、高519.6mm、边断面尺寸为150mm×50mm，现场实际为六边形无钢筋框架混凝土空心块，边长250mm、高430mm、边断面尺寸为50mm×50mm。现场实际与施工图纸不一致。

【案例分析】

经核实，该问题产生的主要原因是在工程建设过程中，由于施工图纸要求的材料材质、规格、型号，在当地无法采购，施工单位选择了类似材料替换，但未与设计单位进行沟通，没有及时更改施工图纸或履行设计变更，造成工程实际与施工图纸不符。按照审计严格定性为未按图施工，存在工程质量风险。

【指导意见/参考做法】

（1）施工合同专用条款约定工程量的计算原则，应按照施工图纸（包括经发包人认可的设计变更和现场签证）计算。按照施工图纸和设计变更计算铺砌护坡工程量。

（2）对于此类问题，若施工单位提出对设计方案进行变更，业主项目部应组织其提前与设计单位沟通，论证其技术、经济的合理性，及时变更施工图纸或履行设计变更程序。对于设计方案的变化，要界定清楚责任，由于施工单位自身原因产生的变化，若技术可行但造成工程投资增加，按照合同约定，相关费用不能予以调整。

案例5　工程资料与施工图纸不一致

【案例描述】

某变电站施工单位对先期进场的乙供材料进行了报审，对陆续进场的部分乙供材料未及时提交进场报审手续，造成部分乙供材料进场报审资料缺失的情况，审计以乙供材料报审量小于施工图纸工程量为由，不认可按照图纸结算的乙供材料工程量。

【案例分析】

乙供材料报审资料是工程质量管理所形成的过程资料，以往不作为工程结算依据进行审核，审计从工程归档资料中校核结算工程量，工程建设过程中确实存在对工程相关工程资料把关不严、不规范的情况。

【指导意见/参考做法】

（1）乙供材料结算工程量按照施工图纸（包括经发包人认可的设计变更、现场签证）计算，对于乙供材料进场报审资料较施工图纸缺失的部分工程量，结算不予扣减。

（2）乙供材料进场报审资料是工程质量管理的过程资料，不作为结算工程量的依据。

（3）审计发现此问题时，工程已建成投运，工程建设管理的过程资料无法补齐，后续应加强工程建设过程中对工程相关资料的规范性管理，所涉及内容应与施工图纸一致，并加强核查。

案例6　施工图纸出版管理不规范

【案例描述】

本案例具有代表性的事件如下：

（1）某项目结算时，发现同一项目出现多版施工图纸，对于隐蔽工程，较难确定实际施工的设计文件依据。

（2）某项目结算时，施工单位提供A4纸打印的施工图纸，并按其实施，缺乏规范的设计文件作为结算依据，给工程量结算带来风险。

【案例分析】

施工图纸发生变更时，设计单位没有出具相应的变更文件，直接将变更修改的施工图纸发邮件给施工单位，施工单位根据电子版图纸进行施工，后期直接以升版图形式代替设计变更。

【指导意见/参考做法】

（1）加强对设计单位的考核。建设管理单位依据相关管理规定及合同约定，对勘察设计单位没有按规定提交合规设计文件，或者没有按相关规定履行设计变更审批流程的情况，加强过程检查，发现问题应严格按合同考核。

（2）加强对监理单位的考核。监理单位应该根据监理合同和相应的监理规章制度依法合规实施监理工作，对于监理过程中发现的不合格、不合规设计文件，应立即向建设管理单位上报并要求相关单位停工实施整改，建设管理单位应按合同规定对监理单位上述履职情况加强考核。

（3）加强对施工单位的管理。对无图施工、白图施工或电子版图纸施工要严格予以制止，对于因采用上述图纸施工造成的索赔、现场签证及设计变更形式增加的费用不予办理结算。

案例 7 施工图纸标识不准确或不完整

【案例描述】

本案例具有代表性的事件如下：

（1）某输电线路工程，房屋拆迁分布图不明确、与现场实际差异过大，造成部分房屋拆迁无设计文件支撑。例如，部分房屋现场实际在拆迁范围，但在房屋拆迁分布图中未标识；部分房屋结构形式与现场实际结构形式不符等。

（2）某输电线路工程，铁塔总图及材料汇总表中的材料重与结构图中的对应材料重不一致，或铁塔总图及材料汇总表中各分项材料标识重之和不等于图纸标识合计重，以上问题引起结算依据分歧。

（3）某项目设计单位提供的分册施工图纸材料表标识数量与设备材料汇总表的标识数量不一致，如变电工程放热焊数量、全站室外接地数量、沉降观测点设施与防火封堵数量、电缆支架数量及电缆清册数量等。

（4）某变电站工程，设计单位提供设备材料表标识数量与按施工图纸计算的数量差异较大，如 GIS 辅助地网、全站室外埋管钢管数量等。

（5）某项目设计单位提供的变电站施工图设备材料表标识数量，在施工图纸上材料具体安装地点及走向标识不清楚，无法将材料表标识的数量按照图纸与现场对应，如铝合金槽盒及不锈钢槽盒等。

【案例分析】

（1）终勘资料不完整、不可靠，工作深度没有达到施工图设计阶段深度要求。对输电线路沿线拆迁、迁改调查统计不翔实。

（2）设计单位内部施工图审查不到位，对设备材料表数量没有进行复核。

（3）设计单位编制的设备材料表数量考虑了一定的余量，具体原则缺少详细说明。

（4）设计单位对一些具体做法，只在施工图设计说明中作简单文字交代，可满足施工要求，但满足不了工程量计算要求，缺少细节图纸。

【指导意见/参考做法】

（1）完善施工图设计深度要求，以满足结算需要。设计单位应严格执行国家电网有限公司施工图设计内容深度规定的相关标准，同时结合结算工作反馈存在的问题，统一补充完善相关设计深度要求。

（2）加强设计文件复核管理。加强设计单位内部复核，加强技经专业对施工图纸是否满足结算要求的复核；归档设计文件应在结算所采用的设计文件基础上，经各方复核确认后归档，保证技术、技经管理依据的一致性、准确性。

（3）加强施工图纸会审质量审查。施工图纸会审时，应重点对设备材料表数量与图纸的匹配性进行审查。

（4）细化设计合同造价控制相关条款。细化设计合同中设计单位造价控制的相关责任条款，明确设计单位对本单位提供的设计文件标识的工程数量负责，要求设计单位造价管理人员全过程参与工程结算工作。

案例8　招标工程量清单项目特征发生变化

【案例描述】

某变电站电气安装电缆竖井项目特征发生变化，结算 600mm×1000mm 电缆竖井 5 个，图纸规格为 600mm×700mm 电缆竖井 2 个、600mm×800mm 电缆竖井 1 个，600mm×980mm 电缆竖井 2 个，结算项目特征与图纸不一致。

【案例分析】

出现上述问题的主要原因：一是工程建设过程中，现场施工时按照电子版图纸施工，施工过程中图纸发生变化，归档的图纸与过程核算所用图纸不一致，存在结算与归档图纸不一致；二是结算时，未将各清单子目的项目特征调整为与图纸一致的描述，导致结算与图纸不一致。

【指导意见/参考做法】

（1）要进一步加强施工图纸管理，分部结算时开展施工图纸与工程现场的一致性核查，确保结算用图纸与归档图纸的一致性。

（2）结算时，要严格按照施工图纸逐项核实各清单子目及其项目特征、工程量。如招标工程量清单子目施工图纸（包括经发包人审批的设计变更、现场签证）较招标的项目特征发生了变化，结算时应新增一行，调整为与施工图纸一致的项目特征描述。

案例9　线路工程设计收资不到位

【案例描述】

某输电线路工程跨越在建高铁施工图设计阶段，根据《1000kV 架空输电线路工程设计规范》（GB 50665—2011）、《铁路技术管理规程（高速铁路部分）》（中国铁路总公司，2014 年 7 月）及《关于印发〈国家电网公司输电线路跨（钻）越高铁设计技术要求〉的通知》（国家电网基建〔2012〕1049 号）的要求进行设计，弧垂对轨顶的垂直距离都满足上述规程规范要求，但由于设计单位未收集到《关于特高压交直流输电线路跨越铁路有关标准的函》（铁建设函〔2009〕327 号）文件，致使弧垂对轨顶的垂直距离不能满足此文件要求，需将已设计并组立好的铁塔拆除重新加工升高，造成投资损失。

【案例分析】

（1）设计单位对与项目有关的技术标准及规程规范未收集齐全，导致设计文件不符合有关技术要求，实际实施过程中，设计方案的变化增加了工程投资。

（2）施工图审查时，对主要技术方案的评审深度不够。

【指导意见/参考做法】

（1）高度重视设计技术标准的收集和审查。设计单位提出跨（穿）越工程，应严格执行国家和相应行业技术标准和规范。设计方案必须保障通（运）行安全，满足被跨（穿）越工程发展规划要求，同时必须经被跨（穿）越工程行业主管部门审查同意并取得相应审查意见后方可进行技术设计；对设计中涉及外部行业或特殊专业的标准、规范，设计单位和评审单位均应重点把控。

（2）做好设计技术标准库建设和应用。建立并及时完善更新涉及特高压工程设计的技术标准库，特别是外部行业或特殊专业的标准、规范，在设计和评审中强化标准库的应用。

案例 10　竣工图与现场实际不符

【案例描述】

某项目工程结算时，发现部分竣工图与施工现场不符，如护坡、挡墙及排水沟竣工图与现场实际存在差异；房屋实际拆迁工程量及房屋结构等信息仅在拆迁汇总表上修改，没有在拆迁分布图上逐一修改；跨越、护壁及护壁钢筋没有反映到具体部位；灌注桩半圆球头部分没有绘制及统计相应的工程量等。

【案例分析】

（1）设计单位没有认真对待竣工图纸的出版，未与施工单位、监理单位充分核实部分现场工程量，导致竣工图不能完整反映现场实际。

（2）施工过程中存在施工图纸"以升代变"情况，竣工图出版时，设计单位未对图纸进行细致校核，导致竣工图出现版本错误。

（3）设计单位只修改编制说明或材料汇总表，没有将类似护壁或护壁钢筋这类的工程量反映到分册图纸中。

【指导意见/参考做法】

强化竣工图编制管理。编制竣工草图时，施工单位应在施工图纸基础上，如实反映与本体工程量相关的设计变更及现场签证内容；监理单位重点审核竣工图纸是否如实反映工程实际，是否完整标注了与本体工程量相关的设计变更及现场签证内容；设计单位应对竣工草图中与本体工程量相关的设计变更及现场签证内容进行复核后，出版竣工图纸。

第二节　设计变更及现场签证方面

案例 1　设计变更内容是否纳入结算调整

【案例描述】

某变电站扩建工程施工招标工程量清单中火灾报警系统清单子目见表 2-2-1。

表 2-2-1   某变电站扩建工程施工招标工程量清单火灾报警系统清单子目

项目编码	项目名称	项目特征	单位	数量
BT5501P13001	气体（泡沫）灭火系统	（1）部位：SP 泡沫灭火装置；V＝20000L 以下。 （2）主要材料要求：含泡沫灭火控制系统、感温电缆、高速喷射器、镀锌钢管、管道连接件、管道支架等及消防报验。 （3）一期接口：本期消防系统及与一期消防系统接口处理	套	1

工程建设过程中，根据运行要求，扩建工程火灾报警系统需增加 1 台火灾报警控制器安装于主控室；根据《建筑设计防火规范》（GB 50016—2014）"消防控制室、消防水泵房、防烟和排烟机房的消防用电设备及消防电梯等的供电，应在其配电线路的最末一级配电箱处设置自动切换装置"要求，增加双电源自动切换装置 1 台，安装于主控楼 3 层计算机室的火灾报警及消防控制柜内，并新增 1 路交流电源进线，与前期已有的 1 路交流电源经双电源切换后用于原有消防主机及本期新增火灾报警控制器等的供电。新增火灾报警控制器至计算机室火灾报警及消防控制柜之间的线缆，除交流电源电缆由施工单位采购并安装外，其余电缆均由火灾报警厂家负责提供并安装。施工单位申请按照设计变更增加火灾报警系统相关费用。

【案例分析】

经核实招标工程量清单火灾报警系统子目，招标时为 1 套泡沫灭火装置，其中包含了泡沫灭火控制系统、线缆等材料，设计变更技术方案变化未能引起该清单子目项目特征发生变化，结算时执行其原清单子目的投标报价。

【指导意见/参考做法】

（1）按照施工合同约定，实际实施较招标工程量清单子目的项目特征未发生变化，应按照原清单子目的投标单价结算。

（2）施工招标时，由于部分工程处在初步设计与施工图设计深度之间，未完全达到施工图设计深度，施工招标工程量清单中对于部分达不到施工图设计深度的清单子目无法细化描述其具体型号、规格。经判断，此类属于工程较为常见的项目，招标时设计单位会对其项目特征进行综合处理：一方面，确保了清单的完整性；另一方面，扩建工程部分项目与前期工程同型号规格，投标人可凭经验报价。

（3）施工招标时未提供工程图纸，也未明确招标工程量清单子目的具体技术要求，工程建设过程中设计变更技术方案变化未能引起该清单子目的项目特征发生变化，结算时不能新增子目，也不能调整单价。

（4）工程建设过程中，并非所有的设计变更项目引起的变化都能调整合同结算费用。设计变更结算时，首先要分清责任主体，由于施工单位自身原因造成的技术方案变化或费用增加，结算不予调整；由于设计、业主或外部环境原因造成的技术方案变化或费用增加，需在提出设计变更时附相关变化的管理文件、会议纪要、通知等支撑性资料，即能够证明该事件完整逻辑链条的资料，根据设计变更核定的工程量，按照施工合同约定的变更估价原则计入结算。

（5）如第三方评审机构对设计变更的技术方案及其费用进行了评审并出具了评审纪要，但实际履行变更手续时，出现了与评审技术方案和费用不一致的情况，该部分变化也应提供相应的支撑性证明资料。

案例 2 设计变更增加非工程本体费用

【案例描述】

某变电站工程构架避雷针技术方案发生了变化，原设计构架避雷针要改为独立避雷针，增加避雷针基础、27 根灌注桩等本体工程量，由此增加桩基工程旋挖钻机施工机械的调遣费。

【案例分析】

该设计单位出具的设计变更仅包括本体工程量的技术变化和相应费用，未包含由于本体工程量变化引起的其他项目费用。

【指导意见/参考做法】

按照《国家电网公司输变电工程设计变更与现场签证管理办法》［国网（基建/3）185—2017］相关规定，设计变更费用按照预算编制。设计变更项目结算时，要按照施工合同约定的变更估价原则确定结算单价及费用。涉及设计变更引起的非本体工程费用结算时，对于实际发生的工程量，应履行相应的现场签证手续，还需由施工单位提供相应的支撑性材料，如机械租赁协议等，作为对设计变更中非本体工程量部分工作内容的现场确认。

（1）设计变更费用应包括本体工程量及相关措施、其他项目等费用。

（2）设计单位应按照确定的技术方案，结合拟定的施工方案，根据工程实际出具设计变更并编制相应费用。对于技术方案发生变化前，按照原施工图纸已实施的本体工程量部分，全面考虑已实施工程相关的报废、返工等情况，计列相应变更费用，并将相关工程量在设计变更图纸中进行标识。对于技术方案变化后，引起的本体工程量增加或减少，应附有设计变更图纸进行说明，计列相应的本体工程费用。对于技术方案变化后，结合拟定的施工方案，还需计列的其他项目费用，如特殊施工措施费等，按照拟定的施工措施方案编制预算，计列至设计变更费用。

（3）结算时，对于设计变更引起的本体工程费用的增加或者减少，应计入分部分项工程量清单；对于由于设计变更引起的非本体工程费用变化，应根据现场实际，履行现场签证手续后，按照施工合同条款约定，结算计入合同允许调整的项目费用。

案例 3 设计变更更换施工材料

【案例描述】

某变电站工程围墙基础原设计为毛石混凝土换填，工程施工前，由于工程所在地政府环保要求，地方政府发文要求该地区的所有毛石生产厂家按照环保规定限期整改有关问题，整改完成后恢复毛石生产。工程施工时，已超出了地方政府规定的整改时限，但施工单位反馈仍无法采购到毛石，按照原设计方案无法实施，故向业主提出更换施工材料的申请，并提供了三家毛石厂家超过政府规定的整改时限也无法供应毛石的证明材料。设计单位履行了设计变更手续，将毛石混凝土调整为 C30 混凝土，增加了工程本体费用。

【案例分析】

该设计变更的起因是由于地方政府的有关要求，实际执行时，与其文件规定可能存在一定偏差，这在逻辑链条上不能构成完整的闭环。因此，施工单位需提供更多的证明材料来证实现场实际情况，结算时才能够根据相关资料判断是否属于施工单位责任，否则，即使履行了设计变更手续，由于责任界定不清晰也无法进行结算。

【指导意见/参考做法】

（1）设计变更项目结算时，应首先界定责任主体，由于非施工单位原因引起的设计变更，应按照审批的设计变更项目予以结算费用。按照设计变更的技术方案，新增清单子目或调整原清单子目的项目，按照施工合同约定的变更估计原则结算费用。

（2）工程实施过程中，当无法达到设计要求时，施工单位应及时提出申请，在履行相应手续后实施，过程中需收集齐全、完整且能够证实非施工单位原因造成的逻辑闭环资料，才能申请结算相应费用。

（3）施工图会检时，设计、监理单位、业主项目部不仅应关注技术的可行性，也应组织施工单位对施工材料等开展提前调研，避免现场无法采购造成的工期延误。

（4）监理单位在工程旁站时，需重点关注施工单位是否按图施工，对于无法采购到的施工材料，是否存在以次充好、以小代大等增加审计风险的情况。

案例 4　现场签证工作内容审核不到位

【案例描述】

本案例具有代表性的事件如下：

（1）某项目四通一平工程，招标工程量清单中开列了"余方弃置"项目，项目特征中"运距：自行测算"。施工单位也据此招标工程量清单进行了相应投标报价。实际施工时，施工单位根据项目所在地《渣土管理办法要求》，将渣土分包给具有渣土运输资质的企业运至城市管理部门的指定地点，施工单位根据实际运输数量、运输距离结合分包合同向监理单位提交现场签证审批单，监理单位根据核实的实际运输数量、运输距离，并按照相关计价标准，现场签证认可相关费用。

（2）某输电线路工程，因要求工期提前，施工单位增加了现场人员、机械投入，根据合同可以调整费用。施工单位提出调补新增人员的工资、新增机械的台班费，监理单位未认真考虑工程实体量未变、投入增加后时间缩短的情况，现场签证认可相关费用。

（3）某变电站土建工程，监理单位签证 1000kV GIS 基础超挖换填 5 处，但监理单位确认的相应地基验槽记录平均挖深为 1.82m，现场签证资料与验槽记录资料存在明显差异。

（4）某变电站现场签证单描述为"因为基坑边坡塌方严重，有进一步塌方的可能，为保证基础正常施工，B施工单位在某位置打钢板桩进行边坡加固"，并附有现场打桩图片、现场收方单等齐全资料。结算时，发现A施工单位基坑开挖时，已经做了土钉墙混凝土护坡，有护坡施工方案和护坡现场收方单，其中，护坡现场收方单写的收方工程量说明是护坡混凝土30～50mm厚，冷拔钢丝直径4.0mm的盘圆。护坡施工方案上混凝土厚度是80mm、钢筋网使用直径6.5mm的盘圆。经对比发现，原来基坑塌方是A施工单位护坡没有按方案施工造成的，B施工单位打钢板桩不是施工方案的内容，而是对护坡塌方的一种补救措施。所以该现场签证费用应由A施工单位支付，不能计入工程造价。

【案例分析】

（1）部分项目实施过程中，施工单位发现成本远超投标报价，通过现场签证方式争取结算相应费用。

（2）审核现场签证时，监理单位仅就现场签证事项是否实际发生签署核实意见，未依据招标文件及施工合同明确的承包范围及界面划分提出责任界定的审核意见。

（3）审核现场签证时，监理单位未进行现场踏勘核实。

（4）审核现场签证时，监理单位未与原施工组织设计方案细致比对，未深入分析真实原因、分清责任。

【指导意见/参考做法】

（1）现场签证应依据合同约定办理。现场签订对合同未包含的工作内容予以确认时，要根据施工招投标文件、施工合同等，分析研判现场签证办理的必要性及处理原则。

（2）现场签证必须进行现场实测复核。对于签证后无法复查的工作内容，监理单位须现场旁站实测，相关人员共同见证复核，有必要采用摄像、照相手段做好影像记录。

（3）签证意见必须全面反映事实。对涉及施工方案变化的签证，必须调阅原施工组织设计方案等工程资料进行比对，确认现场签证的必要性、真实性、合理性、完整性和关联性。

（4）签证意见必须有责任划分。应深入分析签证事项发生的原因，界定清晰责任，再依据合同约定进行审核。对于上述签证内容，属于A施工单位承包范围内的项目，由B施工单位具体实施，其现场签证费用应由A施工单位承担；同理，由于A施工单位工作不到位，需由B施工单位采取措施补救、完善等产生的费用，也应由A施工单位承担。

案例5　现场签证工程量审核不到位

【案例描述】

本案例具有代表性的事件如下：

（1）某输电线路工程挡土墙、排水沟、护坡，现场踏勘核对的实际工程量，与现场签证监理单位签署认定的工程数量差异较大，部分项目现场没有实施。

（2）某项目由于甲供材料没有按时供货，施工单位通过现场签证形式申报窝工损失，窝工损失主要包括人员费用及机械台班费用，但现场签证只有对窝工总工日及机械停滞时间的确认资料，未附人员花名册、机械进场记录及机械规格型号等支撑资料。

【案例分析】

（1）现场签证事项实际实施时，监理单位未对施工单位实际实施情况进行现场记录核实，必要时需实际测量。

（2）审核现场签证时，监理单位审核现场签证支撑资料不够细致，未对现场签证支撑资料不完整提出审核意见。

【指导意见/参考做法】

（1）现场签证工程量需附测量记录或绘制现场简图。签署审核意见时，监理单位须核实签证项目的工程量计算过程。对于现场可以绘制简图的，监理单位应提出根据现场实际绘制简图并详细标明尺寸、标高、部位、数量等要求，并对其简图进行现场复核实际实施工程量。

（2）结合原施工方案及现场原始记录核实工程量。对于窝工等费用，现场签证应附具体人员名单、具体工种、相关培训签到表、相关规格型号的机械进出场记录、原施工方案人员及机械数量投入等支撑资料，并对超出原施工方案的人员及机械投入情况，签署明确的审核意见。

案例6　设计变更及现场签证审批不规范

【案例描述】

本案例具有代表性的事件如下：

（1）某项目施工单位申请结算时报送的现场签证无相关施工方案、工程量及签证费用计算书等支撑性材料。

（2）某项目设计变更及现场签证审批单没有执行国家电网有限公司标准格式；未连续编号；签署人不是合同规定的代理人，没有签署权利；造价管理人员未加盖造价专业执业资格章。

（3）某项目设计变更或现场签证审批单，监理单位没有签署意见，直接盖监理单位公章或者签名，或签署"情况属实"或"请业主审核"等不明确的审核意见。

（4）某项目设计变更或现场签证审批单，未按照规定履行重大设计变更或重大现场签证审批流程，只签署到业主项目部，重大签证审批栏中没有签署意见。

【案例分析】

（1）相关参建单位对国家电网有限公司设计变更及现场签证管理办法的有关要求，宣贯不到位。

（2）个别参建单位对设计变更或现场签证管理流于形式，管理职责及管理流程落实不到位。

（3）部分设计变更或现场签证审批单缺少造价专业人员签署意见。

【指导意见/参考做法】

（1）加强设计变更及现场签证管理办法宣贯。施工前各参建单位应学习本项目应执行的管理办法或相关文件规定，开展相关宣贯学习。

（2）加强设计变更及现场签证管理检查考核。业主项目部应加强对各参建单位的检查考核，并明确量化标准。明确各审批单位的权限及审批流程具体要求，严禁出现"情况属实"或"请业主审核"等明确的审核意见。

第三节　施工组织方面

案例 1　换流站石方占比较大

【案例描述】

某换流站场平土石方总量中石方占比超过 80%，现场石方开挖及处理难度很大，且开挖后的石碴不能全部参与现场回填，共产生 70000m³ 的剩余石碴需要处理。初期提出了外运处理方案，因剩余石方总量大、安全处置难度大，造成综合单价高，按外运 15km 考虑需发生费用约 300 万元。

【案例分析】

建设管理单位组织设计优化了外运处理方案，结合换流站后期扩建，改为提前租用扩建场地，一方面减少了石方运输距离、降低了处理成本，同时运用多余石方加高了扩建工程场地标高，减少了将来扩建工程场地平整工程量及费用，本期节省费用约 200 万元。

【指导意见/参考做法】

工程土石方处理经常会受前期工程地质勘察准确程度和土方平衡测算的准确程度影响，实际建设过程中产生余土或者外购土等情况。工程前期，建设管理单位需跟踪审议场平设计标高，根据以往工程经验与实际地质情况，判断设计单位提出的土方平衡方案的可靠性。工程建设期，建设管理单位需密切跟踪场地开挖情况，对出现与预测不符的情况要及时汇报分析，协同设计单位结合工程实际制订灵活有效的应对措施，合理控制工程造价。

案例 2　换流站土建施工高峰受特殊冬季施工影响

【案例描述】

某换流站换流变压器基础及广场区域冬季施工涉及钢筋绑扎约 1300t、混凝土浇筑约 18000m³，工期紧、任务重，施工可采取小区域独立暖棚、大型暖棚两种方式，以往多采用小区域独立暖棚。

【案例分析】

经国家电网有限公司及建设管理单位组织施工单位、设计单位比选，若采用大型暖棚，可减少严寒条件下工程机械、设备多次启动预热时间，保证机械施工连续性；满足施工工作面需要，为内部施工提供较大空间；降低混凝土浇筑过程中泵车移动频率，加快浇筑速度，确保施工质量；采暖设施集中管理，便于日常检测及维护，减少热量散失和燃料使用；原材料集中采购堆放，缩小材料水平运输距离，降低原材料保温措施损耗。

另外，按照特殊冬季施工补充定额对外温环境 -5～-15℃ 条件下浇筑基础进行测算，采用小区域独立暖棚法作业费为 254.22 元/m³，采用大型暖棚法施工费为 162.21 元/m³，费用降低 36%。

最终确定采用大型暖棚方案，搭设面积约 8000m²，效益明显。

【指导意见/参考做法】

在特殊冬季施工期内，换流站土建工程受气候条件影响较大，为提高施工效率以及实体工程质量，需要采用相应的特殊施工措施。具体的措施方案需要进行充分探讨，由各参建单位提出多个方案进行技术经济分析与比较，从中找出符合工程建设需要、投资水平合理的方案加以实施。

案例3　换流站桩基工程成孔孔深与设计桩长存在差异

【案例描述】

某换流站站址地质以石灰岩为主，勘探发现有岩溶、裂隙存在，经设计评审确认地基处理采用灌注桩以及压力灌浆施工方案。施工期间，在部分桩基成孔过程中，出现了达到设计桩长前就已满足设计入岩深度标准的情况，此时如继续向下开挖成孔，有增加施工工程量扩大投资的可能；但如不继续开挖成孔，又有可能因下部临近未发现的岩溶或裂隙，不能满足设计提出的与岩溶或裂隙顶部保持足够的岩层厚度的要求，可能导致成桩不稳定，影响到工程建设质量。

【案例分析】

经国家电网有限公司、建设管理单位及各参建单位共同研究，现场采用超前钻孔措施：在已成桩桩孔底部向下钻探取岩芯小孔，取样判断是否存在影响桩基稳定的岩溶、裂隙，若满足设计要求，停止向下开挖。

此方式通过超前钻替代措施，在满足设计要求的前提下，有效减少了桩基施工工程量，最大限度地降低了无效投资。此外，还通过优化桩位布置、提前开展详勘等手段，减少了压力灌浆措施工作量，优化了方案，降低了投资。采取上述措施后，该站桩基工程结算较同口径概算降低 669 万元，较原合同价款降低 589 万元。

【指导意见/参考做法】

此案例所遇到的情况在工程地质处理工作中具有一定的代表意义，对于地质处理必须在建设过程中做到及时监控，发生突发性事件或问题时，要从技术手段、投资控制等多个层面把好关，既能解决实际问题，又能合理控制投资的措施。

案例4　换流站桩基岩石强度发生变化

【案例描述】

某换流站桩基工程招标阶段采用泥浆护壁冲击成孔和干作业旋挖成孔两种形式，土石比例为1：19。

至施工阶段，出现了以下重大变化：一是桩基施工总量减少了约 40%，承包人预期的利润总额大幅减少；二是大部分桩型更换为干作业旋挖成孔，在岩石地质条件下，干作业旋挖成孔存在钻机损耗大、成孔困难、成孔以后漏浆严重等现象；三是土石比例中的土基本都分布在上层，底层基本为全岩石，施工难度较预想中要大。

【案例分析】

为公平执行合同，在充分分析招标文件和投标报价的基础上，认定了如下事实：

一是设计地质详勘中岩石强度（饱和单轴抗压强度标准值 52.9MPa）较初勘强度（饱和单轴抗压强度标准值 33.80MPa）增加较多。

二是招标文件中未提供试桩报告，投标人只能凭岩土勘测报告、桩型和施工经验进行估算，缺乏较可靠的参考依据。而试桩工作由设计单位在桩基施工开工后完成，后出具了干作业旋挖钻机成孔试桩报告。报告中分析了成孔漏浆原因，显示充盈系数为 1.98。根据该试桩报告及监理单位签署的施工记录，清单中混凝土工程量为 4870m³，实际混凝土用量为 8543m³，远超出投标人承受范围。

基于上述两点理由，建设管理单位组织召开多次桩基施工方案及费用的评审会议，开展该换流站桩基结算费用的认定工作。

【指导意见/参考做法】

在施工方案比选上，为保证成孔质量，经多次试验和技术经济比较，发现使用水泥砂浆处理 10m 以上长桩旋挖成孔时塌孔的效果最佳，使用黄黏土处理 10m 以内短桩旋挖成孔时塌孔的效果最佳。

在工程量计量方面，业主和监理单位紧密跟踪，即第一次成孔塌孔后由业主（监理）及施工单位一同参加确认塌孔深度；填土或灌浆后再次由业主（监理）及施工单位确认水泥砂浆或黏土的方量；多次塌方，填土或灌浆分别计量；终孔后由业主（监理）及施工单位一同参加确认最终成孔深度；浇筑后，由业主（监理）及施工单位一同确认混凝土方量。上述计量模式确保了结算工程量的真实性。

在费用审核方面，共认定相关签证金额 204 万元。针对成孔困难，认定了外购施工土和高标号水泥砂浆、特殊地基二次成孔签证；针对成孔以后漏浆严重，认定了超正常范围混凝土费用签证。

在招标阶段，招标人应完整提供可供投标人正确测算报价和评估风险的相关技术文件。进入施工阶段，面对甲乙双方分歧，建设管理方应公平公正执行合同，确保各项费用签证的理由充分、计量精准。

案例 5　变电站锤击桩改静压桩引起施工机械进出场费用结算争议

【案例描述】

某变电站桩基工程（管桩）施工单位在投标时的施工方案为锤击法施工。在工程开工前，施工单位报业主审批的施工组织设计为锤击法施工。在施工招标期间，业主委托设计单位进行试桩，采用锤击法施工。在工程开工后，考虑变电站离附近村落距离较近（仅有几百米），业主要求桩基施工单位由锤击法改为静压法施工，施工单位以锤击机械改为静压机械为由，申请静压机等施工机械进出场费用，并进行了现场签证。

【案例分析】

变电站桩基施工单位按照施工合同专用条款"由于发包人更改经审定批准的施工组织设计（修正错误除外），造成承包人施工费用的增加，经发包人审核后，可予以调整"，修编了开工前经审批的施工组织设计，由锤击法改为静压法施工，履行现场签证申请由于施工方案改变引起的静压机等施工机械进出场费用。

使用该施工合同条款调整结算费用的前提应是在锤击机械进场以后，施工方案由锤击法改为静压法，才能够调整相应机械的进出场费。核实现场实施情况为：在锤击机械尚未进场时，即调整为静压法施工，静压机的进出场费含在相应清单子目的综合单价（企业管理费项下的施工机械迁移费）中，另结算施工机械进出场费。

现场签证中，施工单位对签证事项的描述，带有"业主要求""业主项目部委托"等字样，隐含由于业主项目部要求或业主方原因导致事项发生及费用增加的意思，并提出增加相应费用。监理单位、设计单位、业主项目部各级审批均签署"情况属实"的审核意见，未结合施工合同约定、相关施工规范要求等对事项的性质属性和责任主体进行分析界定，影响结算原则的把握。

【指导意见/参考做法】

签署现场签证时，设计单位、监理单位及业主项目部首先要结合合同条款分析事项原因和责任主体，要对现场签证中施工单位的论述内容进行审核把关，依据施工招标文件及合同条款核实签证项目为原合同内容还是合同外新增项目，对于合同外新增项目要反复论证推敲，避免重复结算费用。

案例6 变电站更改经审定批准的施工组织设计

【案例描述】

施工招标时，招标工程量清单的其他项目清单中计列"GIS 安装防尘房改造费"项目，并约定根据 GIS 安装防尘房改造方案等据实结算。工程开工前，施工单位报审施工组织设计（项目管理实施规划），提出与招标时要求一致的 GIS 安装方案，即使用经改造的可移动式 GIS 安装防尘棚，经业主方审批通过。

工程建设过程中，业主方要求 GIS 设备厂家研制移动式防尘房，由施工单位负责移动式防尘房的现场移位，使得 GIS 安装方案发生了变化，原施工招标工程量清单"GIS 安装防尘房改造"项目不再实施，施工单位针对 GIS 防尘房的移位使用了 200t 汽车起重机，并配有负责 GIS 防尘房移位的操作人员。

根据上述情况，施工单位修编了开工前经审定批准的施工组织设计（项目管理实施规划），并提出了增加改造后的 GIS 安装防尘房的移位费用与原方案使用防尘棚安装移动费用差值的申请。

【案例分析】

由于发包人更改了经审定批准的施工组织设计，造成施工方案变化，增加了 GIS 安装防尘房的移位费用较原使用防尘棚安装移动方案的差值费用，按照施工合同约定属于可调整范围。

【指导意见/参考做法】

（1）合理确定施工招标项目的承包方式。对于施工招标时计划实施，但施工方案难以确定或工程建设过程中可能取消的项目，建议结合拟定的施工方案测算相对合理的费用，在招标工程量清单的其他项目清单中单独列项并给出暂定金额，并在施工合同中约定采用据实结算的方式，不宜采用总价包干的承包，以减少审计风险。对于施工招标时确定实施，施工方案也相对确定的项目，建议结合拟定的施工方案测算相对合理的费用，采用总价承包方式招标。

（2）施工结算时，对于依据施工合同约定结算予以调整的项目，应梳理招标文件的界面划分，如属于施工方案的变化，应调整两种施工方案变化引起的费用差值。

案例7 换流站换流变压器安装增加三级注油脱气特殊施工方案，缺乏计价依据

【案例描述】

某换流站的高端换流变压器采用的是 ABB 产品，电压等级和输送容量都属世界首台首套，没有前例可循，对安装环境与工艺较±800kV 换流变压器具有更加严格的要求。高端换流变压器作为核心设备，局部放电和耐压试验能否一次通过很大程度上取决于安装工艺和油务处理工艺，而油品的含气量指标将制约换流变压器内部绝缘强度。

原换流变压器设备招标文件中对油品含气量未作明确要求。原施工招标文件中对于换流变压器油品含气量遵循《±800kV 及以下换流站换流变压器施工及验收规范》（GB 50776—2012）表 6.0.1 注入换流变压器的油质标准，以及《1000kV 电力变压器、油浸电抗器、互感器施工及验收规范》（GB 50835—2013）中 3.8.1-3 的相关规定，明确油品的含气量≤0.8%。

换流变压器到货后安装前，特高压部组织专家交底，明确油品含气量应达到试验仪器能检测到的最低值，即≤0.1%。经调研变压器生产厂家及滤油机生产厂家，确有特制的滤油机可满足该脱气工作指标，但该设备缺乏通用性必须特殊定制，采购价格高、定制周期长、机体庞大不便运输，且必须是室内工作，无法满足该站的现场实际情况。

为此，为确保该换流站换流变压器安装质量，经国家电网有限公司牵头组织专项技术会，通过模拟特制滤油机工况来开展工艺试验，根据试验数据决定，对每台高端换流变压器采取三级注油脱气措施（三台滤油机＋两个油罐，串联方式），提升注油的工艺指标。

【案例分析】

关于采取三级注油脱气措施应如何计价，在实施初期并未有定论。常规滤油工作已包含在换流变压器安装的清单项报价中。鉴于其工况组合较常规滤油增加了2倍，施工单位提出了按照油过滤预算定额增加2倍系数的费用计算方法。但由于每一级滤油机的工效都有变化，而且综合考虑设备维护、油品指标检测、接地、安全文明施工等各项因素，建设管理单位在实际审核过程中，组织参建单位针对施工方案、现场实测数据与定额基础数据对比，确定了准确的调整系数。

【指导意见/参考做法】

（1）开展工艺试验，取得第一手试验数据。根据油温和滤油速度等变化情况对含气量的影响，

确定能满足指标的最佳工况组合（三台滤油机＋两个油罐，串联方式），为实施作好准备。

（2）根据试验结果，制订施工方案。方案全部采用已有设备，关键是确保滤油设备三级布置和运转的同步，避免设备空转，以保证滤油质量。

（3）根据施工方案和实测数据，开展常规滤油与三级注油脱气的工作指标分析。由于三级注油脱气采取的是将滤油机和油罐串联的方式，各级滤油机的实际工作时长较常规滤油有所区别，为此根据实测数据得出每级滤油机的有效工作时长；由于第三级滤油机的出口油温将影响含气量指标，其加热器只开一半功率，因此第三级的滤油机台班单价应核减相应的动力费。根据现场实测和对比分析，得出了台班数量和动力费这两项影响价格最大的因素变化情况。

（4）最终确定调整方法如下：

1）确定采用油过滤预算定额（YD2-121）乘以调整系数的方式来调整单价。

2）确定工作成效：与原适用定额 YD2-121 进行对比，根据前述变化情况调整定额系数。

根据实测的三级滤油的各级有效工作时长 [（36.9＋36.9＋35.8）h]，与常规滤油时长（44.4h）相比较，得出滤油机台班调整系数分别为（0.831；0.831；0.806）。

根据第三级滤油机加热器只开一半的工作情况，相应核减第三级滤油机台班单价组成中动力费用，核减系数为 1－0.56＝0.48。

根据以上的台班数量和动力费这两项影响价格最大的因素变化情况，并综合定额材料费和人工费调整情况，得出三级注油脱气较常规滤油要增加系数 1.27 倍，折合每台换流变压器增加脱气滤油费约 40 万元，每吨油增加脱气滤油费 0.166 万元。

按照审定的施工方案，通过现场实测的各项工况数据与常规施工经验数据进行对比，根据工作时长调整高真空净油机台班系数，根据设备功率调整动力费系数，根据设备台数调整绝缘滤油耗材系数的定额系数折算方法值得借鉴。

案例8　换流站施工过程中产生破碎石方，消纳处理成本较高

【案例描述】

某换流站综合水泵房、阀厅、主控楼、喷淋水池、蒸发池、围墙、空冷棚及构支架基础开挖产生石方约 3000m³，集中堆放在直流场。因工程所在地区环保要求高，建筑垃圾须集中消纳，按 45 元/t 收取垃圾消纳费，预估消纳费用为 27 万元。

【案例分析】

设计单位对全站土方平衡进行测算后，初始方案拟外购土方约 20 000m³ 进行平衡。建设管理单位组织设计优化了石方外运消纳处理方案，改为现场破碎优先用于直流场回填，一方面减少了石方清运消纳、降低了处理成本，节约消纳费约 27 万元；同时减少了换填及后期外购土方的费用，节约外购土方费用约 26 万元，石方破碎费用约 3 万元办理现场签证计入结算，以上措施共节省投资约 50 万元。

【指导意见/参考做法】

在工程土石方处理工作中，经常会受前期工程地质勘察准确程度和土方平衡测算准确程度的影响，在实际建设过程中产生余土或者外购土等情况。在工程前期，建设管理单位需跟踪审议场平设计标高，根据以往工程经验与实际地质情况，判断设计单位提出的土方平衡方案的可靠性。在工程建设期，建设管理单位需密切跟踪场地开挖情况，对出现与预测不符的情况需及时汇报分析，协同设计单位结合工程实际制订灵活有效的应对措施，合理控制工程造价。

第三章 工程后期阶段

第一节 变电站工程结算事项

案例1 场平工程重复计列土方二次倒运费用

【案例描述】

某变电站场平工程存在站内土方二次倒运。变电站原设计为土方自平衡,工程建设过程中,因变电站原设计的填方区未完成征地,挖方区的土方需运至业主方指定的站内临时堆放地,待征地完成后,再将挖方区土方运至填方区,并按站内回填标准回填平整。施工单位修编了开工时经审批的施工组织设计,并申请土方二次开挖、装车、运输等费用,按此工作内容办理了现场签证。

【案例分析】

上述签证是由于变电站内填方区未完成征地原因,增加了站内土方的二次倒运,施工单位据此修编了开工时经审批的施工组织设计,并申请了土方二次开挖、装车、运输等费用。场平工程从站内自然标高进行土方开挖后,按照业主要求堆放至站内指定位置,二次倒运是指将土方从站内堆放处运至回填位置。施工单位强调现场实施过程中,对堆放的土方进行了机械压实,由此增加了土方二次开挖的工作。

经核实,一是按照安全文明施工和环境保护的要求,站内堆放的土方需洒水、苫盖处理,不需人工或机械进行夯实;二是经审批的施工方案中无倒运土方的碾压、夯实等相关施工工序;三是根据现场签证的支撑性材料,二次倒运正值7、8月份,无寒冷天气等外部环境因素的干扰,站内堆放的土方处于相对松散的状态;四是并未提供土方碾压后的土质与自然地貌土方密实程度相当的技术资料。

综上,装车前不需进行土方开挖,现场签证中的二次土方开挖工作内容与事实不能完全吻合,将堆放处的土方运回回填位置时,应为直接装车、运输,不应发生与从自然地貌开挖自然密实程度土方相同的施工操作。因此,该签证中的土方二次倒运工作内容应只包括装车、运输及卸车,不应包括挖土方。

【指导意见/参考做法】

（1）依据该工程施工合同专用条款约定"由于发包人更改经审定批准的施工组织设计（修正错误除外），造成承包人施工费用的增加，经发包人审核后，可予以调整"，应予结算回填至未完成征地的填方区土方的二次装车、运输及卸车费用，倒运土方的二次开挖费用不予结算。

（2）土方二次倒运的结算工程量：该签证应签署由于填方区未完成征地原因导致的土方二次倒运量，工程量应按照施工图未完成征地部分的填方区土方回填工程量计算；由于其他原因导致的站内土方二次倒运已含在施工单位的投标报价中，不再另计费用。

施工单位若在现场签证中提出按照土方运输车的装卸容量与装卸次数计算并签署工程量，可能会出现实际装卸土方量与施工图纸填方区土方量不一致的情况，较难作出判断。若施工单位按此提出申请，监理单位、业主项目部应将实际土方装卸量与施工图纸工程量进行对比分析后签署相应工程量。

（3）土方二次倒运的结算价格：套用土方装卸运输定额计列，不计列开挖费用。该签证为站内土方倒运，定额中已包括1km以内的运费，不再另计1km以外的运费；如为站外土方倒运，则根据实际运距，按照定额规定计列运费。

（4）签署现场签证时，业主项目部首先应对签证的工作内容进行核实，对签证中施工单位的论述内容的真实合理性进行把关，结合现场实际进行反复论证推敲。

（5）变电站施工招标时，要结合站内征地（如有）进度、站内场地大小、全站挖方量及弃土量等，考虑场平、土建工程的土方站外堆放场地租用、土方二次装车运输等费用，并在招标工程量清单中计列相关项目。

案例2 场平工程重复计列施工临时围栏费用

【案例描述】

某变电站场平工程施工前，出现了村民阻工情况，业主项目部要求施工单位对变电站进行围挡施工，施工单位沿征地红线搭设塑钢网围栏，申请塑钢网围栏施工及拆除费用，并进行了现场签证。

【案例分析】

（1）经查阅安全文明施工相关文件要求及施工合同约定，按照国家规定《建筑工程安全防护、文明施工措施费用及使用管理规定》（建办〔2005〕89号）要求，施工单位必须用不低于1.8m的围栏将施工区域围挡为封闭区域。由此，施工单位对变电站采用塑钢网围栏围挡属于文明施工范围。

（2）按照该工程施工合同约定需执行的《国家电网公司输变电工程安全文明施工标准化管理办法》[国网（基建/3）187—2015]第二十七条"变电站工程施工区布置实行封闭管理，采用安全围栏进行围护、隔离、封闭，有条件的应先期修筑围墙"，施工单位对变电站采用塑钢网围栏围挡属于文明施工范围，其费用含在施工合同的安全文明施工费中。

【指导意见/参考做法】

（1）按照施工合同有关安全文明施工条款的约定，施工单位对变电站施工场地进行围挡施工属于文明施工的范围，相应费用含在投标报价的安全文明施工费中，不应另计费用。

（2）对于安全文明施工事项的确认和费用计列方式：

1）对于安全文明施工事项的确认，首先要梳理施工合同对于安全文明施工费范围的界定，界定清楚该事项是属于国家、行业、企业管理文件中要求的正常安全文明施工范围，还是属于特殊施工安全生产措施。

2）经查阅国家、电力行业、国家电网有限公司企业层面关于安全文明施工的管理文件，对于安全文明施工费的范围和计列方式均有明确规定。按照该工程执行的《国家电网公司输变电工程安全文明施工标准化管理办法》［国网（基建/3）187—2015］，可将施工过程中涉及安全文明施工的费用分为两类：一是按照规定的科目和固定费率计列安全文明施工费，按照《电网工程建设预算编制与计算规定（2018年版）》规定，以直接工程费×固定费率计列；对于安全文明施工费的使用范围，在国家电网有限公司的管理办法中有明确规定，与《电网工程建设预算编制与计算规定（2018年版）》中明确的安全文明施工费范围基本一致；二是可在安全文明施工费基础上计列的特殊施工安全生产措施费用，按照该工程执行的《国家电网公司输变电工程安全文明施工标准化管理办法》［国网（基建/3）187—2015］规定"对于跨越铁路、跨越高速公路、跨越带电输电线路、跨越通航河道、改扩建临近带电体作业等环境复杂、'急、难、险、重'的工程项目，可计列特殊施工安全生产措施费用"。

3）在工程可研、初步设计、招标阶段，首先应按照《电网工程建设预算编制与计算规定（2018年版）》规定，采用固定费率足额计列安全文明施工费，其次应结合变电站工程实际，合理计列特殊施工安全生产措施费用。

案例3　变电站窝工机械台班计列不合理

【案例描述】

某变电站桩基工程施工过程中，发生了由于外部征地原因导致的人员和机械窝工，施工单位进行了现场签证，其中窝工机械台班按照3台班/天、窝工人员按照1工日/天申请并签署，人员和机械的窝工数量不一致。

【案例分析】

施工单位提交的签证窝工机械台班为3台班/天，窝工人工工日为1工日/天，人工、机械窝工量不一致；同时，查阅施工日志记录的桩基施工历时总天数等资料，通过实际桩基施工量和定额机械台班含量，测算在实际施工期间，机械运行每天也只有2台班。所以，签证机械窝工台班不合理。

【指导意见/参考做法】

（1）窝工工程量按照正常施工工程量考虑，即窝工机械台班为1台班/天，窝工人工工日为1工日/天。

通过查阅该施工单位的施工资料，由于外部征地原因出现了窝工，施工单位后续每天以多于正常施工时间的工作进度安排施工工期，考虑窝工工程量时，也只能用实际施工资料印证施工单位申请的窝工工程量不合理。正常计算窝工数量，应按照正常施工时间考虑，即每天工作8h，施工机械1台班，人员1工日。

（2）工程窝工、赶工费用的调整通常是审计关注的重点，首先在施工进度有可能受到有关因素影响的条件下，业主项目部要组织做好施工组织设计，合理安排施工工期，尽量避免窝工、赶工；确实发生窝工、赶工时，签证要以事实为基础，与正常施工投入进行对比，对窝工、赶工工程量的真实、合理性进行严格把关。

案例4 变电站地质变化引起的灌注桩施工费用结算

【案例描述】

某变电站扩建工程桩基施工区域地下水充足，该区域灌注桩成孔施工过程中反复出现塌陷，无法进行后续灌注桩施工。由于该区域临近运行区域带电设备，也无法采用增加钢护筒等措施保障灌注桩施工。

设计单位提出在灌注桩周边区域先采用高压旋喷桩，防止灌注桩周边土方塌陷，然后再正常开展灌注桩施工。施工单位提出申请增加高压旋喷桩部分的施工费用。

【案例分析】

招标时地勘报告中地质条件与实际地质条件不一致，在灌注桩成孔施工过程中，施工单位无法预见出现大量地下水，因此，施工招标时，施工单位无法预测由于地质条件发生变化而引起的土方塌陷，从而导致无法成孔施工的问题。

根据该工程执行的《建筑地基处理技术规范》（JGJ 79—2012）第7.4款，施工单位采用的旋喷桩施工属于地基处理的一种方式，设计单位出具设计变更，更改地基处理方案，采用旋喷桩加灌注桩的综合桩基作为地基处理方式。按照施工图和设计变更工程量进行结算。

【指导意见/参考做法】

（1）结算工程量根据施工图纸、经发包人认可的设计变更确定，结算综合单价按照施工合同约定的变更估价原则确定。

（2）对于工程实际实施较招标时未发生技术条件变化的项目，即使施工过程中采取相应措施，也不另行结算费用；对于工程实际较招标时发生技术条件变化的项目，需技术论证后，对技术方案进行变更，由设计单位出具设计变更，按照设计变更计入工程结算。

案例5 变电站站内道路修复费用结算

【案例描述】

某变电站扩建工程原计划使用站外道路硬化后作为施工便道，施工单位进场后报批的施工方案按此计划实施。施工过程中多次发生村民阻扰施工。工程所在地某村委会向该变电站施工项目部发出通知，告知项目部施工便道使用权属于某村全体村民，要求施工单位停止使用该道路，若仍需继续使用需按照 480 元/m 进行赔偿。该村隶属的镇政府出具道路所属权、使用权属于该村村委、村民的证明，并表明若需继续使用需施工单位与该村村委会达成一致。施工单位在工程例会中提出该村村委会要求停止使用施工道路的要求，并说明若按该村村委会要求使用该道路，施工单位需赔偿该村村委会约 52.8 万元，作为该道路后期的修复费用。期间，业主项目部多次组织施工单位与该村村委会进行协调，因双方分歧较大，无法达成一致。

为保障变电站现场建设，业主项目部协调运行单位使用站区道路作为施工道路，工程完工后再予以恢复。业主项目部组织召开了工程协调会，会议纪要明确："1. 扩建工程施工过程中，大型车辆碾压施工道路势必造成破坏；运行单位提出施工结束后，要对站内使用的道路进行修复；2. 修复后的沥青道路要求与一期工程沥青道路技术标准一致；3. 新修沥青道路之前，必须经过混凝土面层铣刨、拆除，重新浇筑等工序，相应部分路侧石一并修复"。按照会议要求，施工单位对项目管理实施规划（施工组织设计）进行了修编并报监理单位审查。随后，土建施工项目部向该村村委会发出回复函，表明无法承担该赔偿费用且不再使用该道路作为施工便道。工程完工后，运行单位于次年 8 月发出《关于修复某变电站借用部分站区道路的函》，要求对损坏部分道路进行修复并需经运行单位验收合格。

经现场监理及设计单位确认，因村民阻工及道路产权归属的原因，施工单位无法使用站外道路作为施工道路，经各方协调，施工单位使用站区道路作为施工道路，施工单位为防止沥青面层破坏，采取铺设橡胶垫以及每日清扫洒水等措施进行保护，应运行单位要求对部分损坏的道路进行重新浇筑。施工单位对此提出费用调整申请。

【案例分析】

施工招标时，招标文件技术规范书、招标工程量清单中均未明确站内施工道路修复的责任划分。根据该工程施工合同约定"发包人提供站内施工场地，提供所需的进入施工场地的通道"。施工道路的提供由发包人负责，施工过程中，业主方协调使用站内道路作为施工道路，工程完工后，运行单位提出对站内道路进行修复，属于发包人责任。

【指导意见/参考做法】

（1）按照施工合同约定，非施工单位原因增加的费用，结算予以调整。按照现场签证核定的站内施工道路恢复工程量，按照施工合同约定的变更估价原则进行结算。

（2）施工招标时，尤其是扩建工程，应结合工程实际，拟定合理的施工方案，并据此全面考虑招标项目，采用合理的发包方式，减少后续结算争议。

案例 6 变电站灌注桩桩头处理费用结算

【案例描述】

某变电站桩基设计方案考虑将远期预留区域的桩基与本期施工区域桩基同步施工。为避免远期基础施工时桩顶标高以上钢筋锈蚀，在桩头处理后需要对裸露钢筋进行防腐处理，施工单位申请增加防腐处理相关费用。

【案例分析】

灌注桩施工过程中会根据工艺经验预先多浇注一定高度，施工完成后需根据设计标高进行桩头处理，处理后桩头锚筋长度必须符合设计要求。

由于远期预留区域只进行桩基施工，无基础施工，因此，桩头处理后需要进行土方回填，造成桩顶标高以上主筋（钢筋）直接裸露于土中，如不对钢筋进行防腐处理，容易发生锈蚀，从而影响桩基承载能力。

施工合同仅明确桩头外运由桩基施工单位负责，桩顶以上钢筋防腐处理属于合同外项目，相关费用应根据施工图纸和现场签证进行结算。

【指导意见/参考做法】

（1）依据该工程施工合同约定，合同范围外增加的项目属于结算可调整范围。根据施工图纸明确的防腐部位、现场签证及防腐材料价格信息进行结算。

（2）对于后续桩基施工，如在本期考虑远期预留区域的桩基施工，需要在招标文件中明确桩头处理、钢筋防腐的责任主体，并在招标工程量清单中设置相应清单子目，并据此编制招标控制价。

案例7　变电站新增单价组价原则把握不准

【案例描述】

某项目土建工程，招标工程量清单中明确混凝土强度等级为C25，施工时根据现场实际情况，混凝土强度等级变更为C30，施工单位认为该已标价工程量清单子目的项目特征与施工图纸描述不一致，且该变化引起费用变化，应新增组价。

【案例分析】

（1）变更估价原则合同一般规定是：①已标价工程量清单中有适用于变更工作的子目的，采用该子目的单价；②已标价工程量清单中无适用于变更工作子目的，但有类似子目的，可在合理范围内参照类似子目的单价；③已标价工程量清单中无适用或类似子目的单价，可编制施工图预算，确定变更工作的单价。但合同中对"无适用""类似"子目无明确的界定。

（2）施工单位在申报新增项目费用时，往往从利于自身利益的角度去解读合同，对于已标价工程量清单中有类似子目但投标报价低的情况，要求对变更项目进行重新组价。

【指导意见/参考做法】

（1）严格执行合同变更估价相应条款。施工合同是缔约双方明确法律关系和一切权利与责任关系的基础，是业主和承包商在实施合同中的一切活动的主要依据，在工程结算时应遵循合同平等互利、诚实信用的前提下，严格按合同的组成部分先后顺序，执行相应的变更估价条款。

（2）准确把握变更估价的确定原则。确定变更项目综合单价，应遵循正确理解合同条款约定本义，尽可能维持招标竞争效应的基本原则，并以此细化明确结算原则。上述混凝土标号等级发生变化时，根据施工合同约定可调整综合单价，应以原招标工程量清单中的投标综合单价为主要计价依据，在此基础上调整混凝土标号等级价差。

案例 8　变电站冬季施工特殊措施费用的结算

【案例描述】

施工招标阶段，根据工程进度计划，发包人预计部分 GIS 基础在极寒条件（−5～−15℃）施工，编制施工招标工程量清单时，按照 70％GIS 基础工程量考虑特殊冬季施工（−5℃以下），按照 30％GIS 基础工程量考虑普通冬季施工，计列 2 个清单项目。施工投标时按照不同清单项目分别报价。按照工程进度计划，其他混凝土工程可避开极寒条件施工，均按照普通冬季施工进行招标。

按照国家电网有限公司国家电力调度控制中心提供的停电计划，该变电站工程实际停电搭接时间较招标文件工程里给出的停电搭接时间提前 3 个月，施工单位按照实际实施的停电搭接时间排定了工程二级网络进度计划，发现混凝土工程（包括构支架基础、继电小室基础、电缆沟道等）需在极寒条件下（−5℃以下）施工，此部分较招标时的工程进度计划发生了变化，造成冬季施工特殊措施费增加。

根据合同专用条款约定"冬季施工特殊措施费依据审定的施工方案、实际投入的现场签证、发票及其他有效支撑性资料，经监理单位、发包人审核确定后结算。但是，由于承包人原因停工、工期延误，由此而发生的冬季施工特殊措施费由承包人承担，结算时不予调整"，施工单位按照实际实施的冬季施工措施办理了现场签证，其中，GIS 混凝土基础按照实际冬季施工情况，分别计算出特殊冬季施工的混凝土量和普通冬季施工的混凝土量，并按照相应投标报价计算费用。

【案例分析】

根据变电站扩建工程施工特点，由于和一期设备接入时需要进行停电搭接，此停电搭接时间由国家电网有限公司国家电力调度控制中心根据当年的停电计划进行统筹安排。故上述现场签证是属于发包人原因引起的工期变化，较招标阶段增加了其他分部工程的冬季施工特殊措施，依据合同属于可调整部分。

【指导意见/参考做法】

经分析，混凝土工程属于工程本体的一部分，应计入工程本体费用。在极寒条件施工属于项目特征的变化，对于实施时混凝土工程（包括构支架基础、继电小室基础、电缆沟道等）的特殊冬季施工措施费用，有以下三种结算原则。

原则一：根据施工合同专用条款约定"已标价工程量清单中无适用于变更工作的子目，但有类似子目的，由承包人在合理范围内参照类似子目的单价提出变更工程项的单价，报发包人确定，按审定单价调整"，参照已标价工程量清单中 GIS 基础混凝土特殊冬季施工投标报价，按照价差 186 元/m³ 结算实施时混凝土工程（包括构支架基础、继电小室基础、电缆沟道等）的特殊冬季施工措施费用。

原则二：直接套用国家电网有限公司《电网工程冬季施工特殊措施补充定额（2012年）》，按照新增项目计算实施时混凝土工程（包括构支架基础、继电小室基础、电缆沟道等）的特殊冬季施工措施费用。

原则三：根据施工合同专用条款约定"冬季施工特殊措施费依据审定的施工方案、实际投入的现场签证、发票及其他有效支撑性资料，经监理单位、发包人审核确定后结算。但是，由于承包人原因停工、工期延误，由此而发生的冬季施工特殊措施费由承包人承担，结算时不予调整"，按照实际投入计算实施时混凝土工程（包括构支架基础、继电小室基础、电缆沟道等）的特殊冬季施工措施费用。

经分析，原则一不适用的原因主要包括以下两方面：一是按照定额的费用基价来分析。GIS筏形基础每段暖棚浇筑混凝土方量超过 $1000m^3$ ，而较大的构架基础超过 $100m^3$ ，较小的设备支架基础不到 $100m^3$ 。根据定额的编制原则，基础工程量越小，混凝土冬季施工措施费用的单价越高。对于独立基础、筏形基础（$-5\sim-15℃$）来说，$1000m^3$ 以内的基础单价中的直接费较 $1000m^3$ 以外的基础超出 50% ，而 $100m^3$ 以内的基础单价中的直接费较 $1000m^3$ 以外的基础超出 140% 。故除 GIS 基础外的建（构）筑物混凝土冬季施工费用较 186 元/m^3 会大幅升高，不适于参照此价差进行结算。二是按照暖棚的实际投入分析。GIS筏形基础每个暖棚宽至少 21m、长至少超过 60m，面积大且浇筑混凝土工程量大。而其余固定暖棚位置分散、较大的构架基础暖棚面积仅为 GIS 筏形基础暖棚的 1/5，较小的支架基础暖棚面积不到 GIS 筏形基础暖棚的 1/10。故分摊到每立方米混凝土的租赁脚手架费用、搭设脚手架人工费、保温设施搬运费、铺设费、测温人工费及看护费均大幅升高。所以，除 GIS 基础外的建（构）筑物混凝土冬季施工费用不适合按照与 GIS 特殊冬季施工 186 元/m^3 的价差进行结算。

原则二不适用的原因主要包括以下两方面：一是国家电网公司发布的《电网工程冬季施工特殊措施补充定额（2012年）》是与《电网工程建设预算编制与计算标准（2006年版）》配套使用的，2016年营改增后并没有下发针对该定额的除税系数文件，造成营改增后无法除税，本项目是营改增期间的项目，执行该定额存在税务风险。但该定额编制的费用水平可以作为控制特殊冬季施工费用的限额参考。二是国家电网公司发布的《电网工程冬季施工特殊措施补充定额（2012年）》仅有地下部分的基础定额子目，缺少事故油池、井和地上部分的定额子目。本项目特殊冬季施工范围涵盖了事故油池、井、继电小室、道路等，部分项目缺乏费用计列依据。

【指导意见/参考做法】

(1) 冬季施工特殊措施项目现场签证应提供以下资料：

1) 经批准的冬季特殊施工措施方案，即分项特殊施工措施费有关的施工方案内容，包括经监理单位、业主项目部的批准同意资料。

2) 施工签证记录，签证资料中应包括特殊施工措施实施的起止时间、该阶段内完成的具体工程量、完成的效果等内容。

3）现场照片及影像记录，包括可以说明施工措施不同步骤施工内容以及施工环境与难度的照片。

4）各施工单位提出冬季特殊施工期间气象资料，经现场监理、业主项目部共同核实后，按分阶段办理的原则提出。同时，还应提供当地气象部门出具的同期证明资料。

5）施工投入价格依据，主要包括与特殊施工措施相关的人工、材料、机械等投入。由施工单位提供相关价格依据，可根据工程所在地建设主管部门出具的价格信息、各项投入相关的费用协议、发票及银行转账凭证等。以上各项价格依据资料均要求内容清晰完整，可提供相关票据的复印或扫描影印件。

（2）审核冬季施工特殊措施项目现场签证时，首先应确定责任主体，如由于承包人原因停工、工期延误引起的冬季施工特殊措施，其按照施工合同约定应由承包人承担相应费用，结算时不予调整。

（3）审核冬季施工特殊措施项目现场签证的支撑资料时，需审核是否提供了当地相关气象资料等有效文件，由此判断冬季施工的起止时间；施工投入应与施工方案相匹配，并经监理、业主等单位相关专业人员签字确认后核定工程量。

（4）根据工程实际情况分析确定结算原则。如招标工程量清单中有类似子目的，在合理范围内参照类似子目的单价核定变更工程项目的单价。

案例9 变电站乙供设备费用的结算

【案例描述】

某工程采用工程量清单计价，施工招标文件明确投标报价为完成招标文件的工作内容的各项费用，应包括人工、材料、机械、设备、施工管理、建设场地准备、各种施工措施费、维护、利润、税金、包干预备费等，并提供了投标报价格式表格及相应说明，明确分部分项工程量清单投标报价应包含乙供设备、材料价格，其他项目清单计价表的投标报价应含税。

结算时发现，施工单位投标报价汇总表中的分部分项工程量清单费用与其费用明细表中的汇总数不一致，其他项目清单费用与其费用明细表中的汇总数不一致。

【案例分析】

经分析，产生上述问题可能有如下原因：

（1）部分施工单位投标时将乙供设备费直接计入投标报价总费用，未按照招标文件明确的投标报价格式，将其价格计入相应的分部分项工程量清单项目综合单价；投标时将其他项目清单项目的税金直接计入投标报价总价，未按照招标文件明确的投标报价格式，计入其他项目清单报价表中的相应项目中。

（2）施工单位投标错误，造成上述问题。

【指导意见/参考做法】

（1）招标文件明确投标综合单价为全费用单价，并对报价所包含的内容、投标报价格式及要求进行了详细说明。施工单位未按照招标文件要求的投标报价内容进行报价，且不能提供经招标人认可的其分部分项工程量清单投标综合单价中未包含设备费的说明，不能提供经招标人认可的有效的设备一览表，故此项费用不予结算。其他项目清单费用按照投标报价说明，税金不单独列项结算。

（2）若在评标阶段发现此问题，可请投标人进行澄清，提出有效的文件说明，并经招标人认可后，作为其投标报价的一部分。

（3）如工程实施过程中发现此问题，需分析产生报价中总表和分表费用不一致的原因，并要求施工单位提供招评标阶段的相关文件，否则不予结算。

案例 10　变电站回填换填施工费用的结算

【案例描述】

根据变电站地勘情况和有关设计规范要求，部分基础回填材质采用三七灰土、级配砂石等非原状土进行换填。根据施工图明确的换填范围和材质，施工单位申请换填范围的土方开挖、换填材料、换填回填施工等相关费用。

【案例分析】

回填、换填清单子目应按照施工图标识的尺寸计算工程量。施工图应明确回填、换填的范围及具体尺寸，如对基础外延一定范围的土方进行换填，或者所有开挖土方均需进行换填要有明确要求。计算工程量时，需提供相应的地基验槽记录和隐蔽工程验收记录，核实回填、换填工程量。

该项目施工合同执行《输变电工程工程量清单计价规范》（Q/GDW 11337—2014）、《变电工程工程量计算规范》（Q/GDW 11338—2014）和电力工程概预算定额的有关规定，基础挖坑槽土方、换填清单子目的工作内容均包括土方开挖、回填等。关于回填换填的结算原则，如招标工程量清单中挖坑槽土方、换填清单子目均单独列项，则认为换填清单子目的投标报价中不含土方开挖、回填费用，回填、换填费用按相应清单子目的投标报价计入结算；如招标工程量清单未单独列项换填清单子目，结算时需新增换填清单子目，由于挖坑槽土方和换填清单子目的工作内容均包括土方开挖及回填，为避免土方开挖、回填费用重复计列，新增换填清单子目时，仅计列回填材料费用及税金。

【指导意见/参考做法】

（1）根据施工图纸、地基验槽记录和隐蔽工程验收记录进行计算回填换填子目工程量，根据招标工程量清单子目设置确定综合单价，如招标工程量清单将其单独列项，应采用投标综合单价结算，如招标工程量清单未单独列项，应按照合同约定的变更估价原则重新组价。

（2）施工招标时应明确换填技术要求，根据相应技术方案合理编制招标工程量清单及招标控制价。

案例 11　变电站大件运输站内行驶道路修筑施工费用

【案例描述】

对于需要在新征地区域施工的变电站扩建工程，为避免施工过程中人员、车辆频繁通过原站内运行区域，通常考虑在新征地扩建区域临时设置进站大门，有利于工程建设安全高效推进。新征地扩建区域的道路设计方案、主设备基础位置和临时进站大门的设置位置，可能导致扩建区域新建道路不具备主变压器、高压电抗器等主设备站内运输的条件，需要修筑临时道路，确保设备能够运输至基础位置。施工单位申请临时道路的修筑费用。

【案例分析】

新征地扩建区域的道路设计方案是在原运行站内道路的基础上综合考虑，由于施工过程中施工区域和原站内运行区域需要采用临时围挡进行硬隔离，设备运输车辆无法使用原站内主干道路。同时，临时进站大门的设置位置需要根据现场实际情况进行确定，从临时进站大门至主设备基础之间无可以满足大件运输要求的道路，需要修筑临时道路。

主变压器、高压电抗器等主设备采购合同只是明确设备台上交货，如站内道路不满足运输条件时，合同中并未明确站内临时道路修筑的责任主体。土建施工合同中未包含大件运输站内临时运输道路的配合修筑工作，相关费用不属于合同内费用。因此，施工单位修筑临时道路满足大件运输要求，可根据现场签证结算相关费用。

【指导意见/参考做法】

（1）根据该工程施工合同约定，合同范围外增加的项目属于结算可调整范围。根据现场签证实际发生工程量、相关材料和设备价格信息进行结算。

（2）对于需要新征地的变电站扩建工程，需要根据站内道路设计方案、主设备基础布置方案和临时大门设置方案等技术边界条件，综合考虑进站大门至主设备基础之间是否有能够满足大件运输的道路，如存在部分区域不具备满足大件运输条件，应在招标阶段，明确施工单位与大件运输单位的分工界面，由设计单位提出临时道路修筑工程量，并计列相应费用。

第二节　换流站工程结算事项

案例 1　换流站站外排水完工较晚，致使主体工程施工期间采取施工降水

【案例描述】

某换流站站址所在地区为山脚下回填平整后场地区域，距离山坡较近，容易造成雨水富集。

站区排水施工以站内最后一个检查井为分界，以内为土建单位施工，以外为场平单位施工，但由于地方关系原因，由场平单位施工的站外部分受到阻工，经协调，站外部分排水管道的最终完工时间接近土建主体工程完工时间。

土建主体单位施工进场后，主控楼、阀厅施工期间正值雨季，降水量较大；山坡上雨水汇集到站内，在站外部分排水管道不具备的情况下，站区形成了内涝，为保证基础施工采取了临时管道泵送积水，产生基坑排水费用。

【案例分析】

受阻工影响，由场平单位施工的站外部分排水管道无法竣工，是产生站区内涝，进而必须采取施工降水措施的主要原因。

施工降水费用核定时，施工单位提出，应按照电力行业定额的计算规则，以套·天为单位计算，实际排水时长应以排水泵放入基坑时一直到拆除排水泵的持续时间来核算，提出签证费用共46.07万元。

建设管理单位认为，根据实际施工情况，水泵工作时间应区分为满负荷的降水期和低负荷的维持期，应根据天气变化，以水泵有效工作时间来核算工程量。

【指导意见/参考做法】

（1）根据监理认定的降水有效工作时间来核算签证工程量，核定降水费用为26.11万元，节约投资19.96万元，达到了精准控制投资的目的。

（2）认定签证发生的理由时，应立足合同条款和工程实际，公平公正确定。针对不便于按图纸计算或无法后期验证的工程量核定，应在签证办理过程中严格把关，审核时注重数据的逻辑性、关联性，确保依法合规。

案例 2　换流站根据地区特点增加安全维稳工作，费用计取缺乏依据

【案例描述】

某换流站工程位于新疆地区，较其他地区同期建设的特高压换流站工程增加了维稳工作。该项工作按照自治区维稳政策及当地政府部门要求开展，各参建单位团结协作、服从业主项目部统一指挥并结合该工程实际情况，确保了工程现场的安全稳定。

【案例分析】

针对新疆地区的维稳形势，属地公司曾专门出台了相关电网建设项目的维稳费用结算指导文件，但文件中明确的计算标准能与该站类比的只有常规750kV变电站。该换流站与新疆地区已建成的其他电网工程项目相比，具有占地规模大、建设周期长的特点，维稳工作压力远大于常规750kV变电站。

建设管理单位就该站维稳工作开展及相关费用结算原则如何确定的问题，专程赴属地公司开展调研。根据调研结果，认定该换流站维稳费用与750kV变电站相比，在建设规模和建设工期上存在线性关系，由此明确了该换流站维稳工作结算整体思路：

（1）以与该站建设期间隔较近的某750kV变电站维稳结算金额为测算基数，将其结算总额分成技防、物防和人防三类费用。

（2）根据站区出入口数量和值守人数的对比，测算出规模系数，据此调整物防和人防基数；

根据建设工期的对比，测算出时长系数，据此调整人防基数；技防基数不调整。

（3）以上述方法估算出该换流站维稳费用的总体结算水平不超过 720 万元。

【指导意见/参考做法】

（1）后续工作开展过程中，业主项目部制订了整体维稳工作方案，各参建单位根据网格化管理的要求，各自制订了分标包的维稳方案。费用审核过程中，建设管理单位一是注重将实际实施的维稳工作与原有合同报价中安保工作的区分，核定的维稳费用应核减原报价中承包人承担的安保费用；二是严格把关专职安保人员身份的认定，只有获得了当地管委会认证的安保人员才算专职安保，相关费用可纳入维稳人防费用范畴。最终核定该换流站的维稳安保费用结算金额为 391 万元，相比调研时的估算减少 329 万元。

（2）具有地域特点的签证费用结算，应充分参考属地公司的结算范例，结合工程实际确定结算原则。

案例 3　换流站调相机合理确定安装特殊施工措施费用

【案例描述】

调相机吊装钢结构支护，设计图纸对调相机厂房的设计进行了优化，减小了占地面积，节约了占地，但转运层未充分考虑调相机安装时的荷载，调相机吊装时从 −1m 运至转运平台须增加支撑结构，增加吊装架支撑的措施费用。

【案例分析】

因调相机安装定额综合考虑采用液压提升法施工，4.5m 转运层作为钢结构支架支撑的受力点，4.5m 转运层及以上部分的钢结构柱、梁等支撑措施已经在定额中综合考虑，因此本特殊施工措施签证与调相机安装定额重叠部分不应重复计列。通过审核其施工方案，4.5m 转运层及以上部分的钢结构 17.2t 应扣减，以下的钢结构可作为特殊措施费增加。

最终核定钢结构支架为 22.8t，单价参考投标综合单价并参考调相机安装定额考虑 5 次摊销，核定综合单价 4502.54 元/t，核定为 10.27 万元；核定钢结构道板为 30.4t，参考投标综合单价并参考调相机安装定额考虑 5 次摊销，综合单价核定为 2979.33 元/t，核定为 9.06 万元；核定机具运费 11.87 万元。

【指导意见/参考做法】

在调相机主机安装过程中，应根据厂房的布置及设备类型合理选择施工方案。在工程招标过程中，应提前进行分析，必要时应提前组织编制施工组织方案作为招标资料及控制价编制的依据。相应的大件设备安装施工特殊措施应考虑到位，在后续设计图纸如出现了调整变化，也应及时考虑相应的施工要求，以便从总体上把握住投资管控的要求。

案例4 换流站调相机安装与同容量火力发电机安装存在差异

【案例描述】

某换流站调相机工程施工合同签订后，设计单位调整调相机供货机型，原招标清单调相机项目特征为 QFSN-300-2（水冷机组，液压顶升起吊法），投标报价为 639 430 元/台。施工图纸中调相机型号为 QFT-300-2（空冷机组），项目特征发生变化需新增综合单价。

施工单位在申报结算费用中，将原投标报价调相机本体安装清单内调相机安装定额参 YJ6-21 "发电机本体安装（静子液压提升法）发电机型号 QFSN-300-2"，在新增综合单价组价中替换为参 YJ6-23 "发电机本体安装（静子液压提升法）发电机型号 QFSN-600-2"，且定额系数×1.3，申报结算费用 103.81 万元/台。

【案例分析】

针对调相机空冷机组若干型号缺乏安装定额的现状，国家电网有限公司组织开展相关定额课题研究，建设管理单位也完成了相应收资配合工作。

依据调相机课题研究报告及调相机物资厂家提供的定子转子说明，A 设备厂生产的空冷 300Mvar 调相机定子和转子的尺寸和重均远大于 300MW 发电机，与 600MW 发电机的尺寸和重基本相同，并略大于部分型号。而 B 设备厂生产的双水内冷 300Mvar 调相机定子和转子的尺寸和重也均大于 300MW 发电机，接近部分 600MW 发电机的尺寸和重。另外由于调相机厂房相对发电机厂房的体积小很多，受安装场地和空间限制，只能选择液压提（顶）升装置进行吊装，必须采用 600MW 发电机安装定额中的 GYT-200 型液压提升装置才可满足荷载和安全要求，所以调相机的安装流程和人材机配置与 600MW 发电机（静子液压提升法）安装的流程、消耗量基本相同。施工单位正是基于这一点，才在新增组价中做出上述定额替换。

经审核，确认实际施工项目较招标清单子目的项目特征发生变化，应予以重新组价；同时调相机与同容量发电机组在质量、体积、安装方式上存在本质区别，不应直接参考相关安装定额；施工单位申报结算中的组价方式所参定额及相应系数无现行依据可循，存在后期审计风险。

随着国家电网有限公司关于《调相机工程计价依据研究》的结题，并结合施工合同约定，最终直接采用调相机新安装定额下浮 3%确定新增综合单价为 81.25 万元/台，审减 21.56 万元/台。

【指导意见/参考做法】

对于不熟悉的设备安装，在招标过程中应提前根据收资情况列明影响安装工作进行的主要参数。对于调相机来说，其主设备的冷却方式、尺寸与重以及安装方式等是影响安装的主要因素，必须在招标时列明。实施过程中如有变化，可根据调整的具体内容提出针对性的调价策略。

案例5 换流站招标文件对混凝土保护液施工要求说明不完整

【案例描述】

某换流站土建施工招标时，工程量清单中对于混凝土保护液的涂刷部位要求不完整，施工阶段增加了其他涂刷部位。清单项目特征中对保护液品质要求也未明确，未注明应等同于"××品牌"品质字样，施工单位按一般品质保护液价格考虑，两个标包报价分别为 29.67 元/m²、20.51 元/m²，施工阶段实际采用的保护液品质及价格均远超出投标报价水平，涉及新增单价的审核认定。

【案例分析】

按照《国家电网公司输变电工程标准工艺（三） 工艺标准库（2016 年版）》（工艺编号 0101020501、0101020401）要求，"外部环境对混凝土影响严重时，可外刷透明混凝土保护涂料，用于封闭孔隙、防止大气的腐蚀、防止裂缝，延长耐久年限"，考虑到换流变压器油池及其周边区域可能存在油污等化学材料的污染，有必要对阀厅防火墙、换流变压器基础及油池壁表面按照标准工艺要求进行防护处理，涂刷保护液。但招标清单中仅对阀厅外侧防火墙要求涂刷保护液，后期监理项目部在专题会议中对高、低端换流变压器基础及油池壁表面增加涂刷保护液要求。

根据《换流变压器防火墙保护液专题会》（编号：JXM8 - JL01 - 专题 - 118）、《材料进场报审表》，依据施工合同条款约定"分部分项工程量清单项目综合单价调整原则：a. 招标工程量清单中有适用于变更工程项目的，采用该项目的综合单价；经合同各方共同确认该项目的综合单价明显偏离正常合理范围的，超出原招标工程量以外实际增加完成的工程量部分所采用的综合单价，可由合同各方协商另行确定；当工程变更导致该清单项目的工程量发生变化，所引起的合同费用调整变化，执行当时发包人提供的《电力建设工程工程量计价规范 变电工程》（DL/T 5341—2011）专用条款第 9.6.2 条的规定"，超出原招标工程量以外的实际增加完成的工程量部分，按照合同条款约定可进行重新组价。

【指导意见/参考做法】

（1）经查看材料进场报审单，进场材料为焕砼保护液，与要求品牌一致，材料单价可以调整。

（2）材料单价确定：两标包施工单位投标文件中，保护液单价分别为 29.67 元/m²、20.51 元/m²。虽与现场确定焕砼保护液市场价格差异较大，但招标工程量清单为固定单价，施工单位在投标时应综合考虑，故对原单价不做调整，按合同单价计入结算。后期应业主要求，换流变压器基础及油池壁表面新增涂刷保护液，属工程变更新增内容，其单价调整执行合同约定的调整原则，根据市场询价及施工单位提供采购发票进行重新组价。

设计要求换流变压器基础及油池壁表面涂刷保护液涂一底两面，采用滚涂或喷涂方式。按照涂刷要求，底漆、面漆及调整剂一组材料大约涂刷面积为 90m²。其中：底漆 0.2kg/m²，面漆 0.2kg/m²，专用色差调整剂 0.3kg/m²（三遍漆都需要添加），折算后材料费约 6800 元/90m² = 75.56 元/m²。施工费执行《电力建设工程预算定额（2013 年版）》及相应的取费文件确定费用后下浮 3% 取定，核定综合单价为 89.69 元/m²。

（3）保护液涂刷工程量确定：依据竣工图纸工程量计算，全站共 24 台换流变压器，新增基础及油池壁表面涂刷面积为 11919m²，核定金额为 106.9 万元。

（4）建议在招标阶段，需按《国家电网有限公司输变电工程标准工艺》及现场情况，充分考虑需涂刷保护液的部位，保证清单子目设置齐全，减少变更。

（5）建议招标时，应准确描述招标工程量清单子目的项目特征，如项目特征中应明确涂刷保护液的每平方米用量及施工工艺要求等内容，以便投标单位可以准确报价。

（6）招标工程清单需对材料品质作出要求，应标明等同于或类似"××品牌"，不少于三个，以便于施工单位准确报价，保证现场施工质量。避免实际施工过程中价格差异过大，结算出现扯皮现象。

（7）重新组价时，既要关注现场实际使用情况是否符合要求，也要关注新增单价的依据是否充分，确保新增单价的合理性。

案例6 换流站施工用水供应情况与招标文件说明存在差异

【案例描述】

根据某换流站土建施工招标说明1.1.4水文条件介绍：站址附近仅有某水库，私人所有，用于水产养殖，并不同意供水。水库只有暴雨季节溢洪道才下泄水量（泄洪道为门槛式，水满则溢），除雨季外，枯季、旱季水库入库水量少，水库几乎无下泄水量，无富余水量供给换流站。目前站区南侧有两口水井（场平单位施工），经设计、监理、施工单位现场共同进行水量测量：1号井实验1次，抽水时间为4h，平均产水量为$4m^3/h$，2号井实验2次，抽水1h后井内无法连续抽水，水量时有时无无法得到保证。主体工程施工已全面开展，除混凝土基础养护、3：7灰土搅拌等施工用水外，根据当地环保要求，需对站外村道等处进行环保洒水降尘。依据前期各单位共同见证的水量测量情况，结合后期施工人员及作业面日益增加的用水需求，水井出水量远远不能满足上述相关工作需求，且按照工程计划工期，此情况一直将持续至工程结束。为保障工程建设顺利推进，由该换流站工程土建单位负责部分土建工序施工、站外洒水降尘用水的外购工作。

【案例分析】

签证办理过程中，要求施工单位在签证支撑文件中提供了：监理单位全站购水情况说明、设计出水量确认单、运水工程量确认单（供水明细清单）、经审批的购水专项方案、过程照片、工作联系单、水源综合比对、询价、计价材料、逐日逐车经监理确认的运水用水记录、费用计算书等附件材料。

费用审核过程中，施工单位按照水源认定的价格申报了购水费用、装卸及运输水的费用、全站全部外购用水量的费用，合计101.71万元。经审核，施工投标报价中包含了水费单价，因此，对于购水的价格按照补偿购水扣减水费报价的差价计列；考虑水的装载成本可不计，且其卸载成本属于安全文明施工或施工费用，因此只按运输路线距离计列运输费；按照施工合同甲乙双方的责任范围，临建范围用水、生活用水由乙方负责，甲方只负责补偿施工用水和安全文明施工用水。综上，累计核减费用26.43万元，核定费用75.28万元。

【指导意见/参考做法】

根据合同、招标工程量清单、已标价工程量清单等有效支撑文件，应扣除原支撑文件中明确由乙方负责的单价因素，进而确定项目补偿费用的构成因素，避免重复计列相关费用。

案例7　换流站未明确灰土回填工程量计算规则

【案例描述】

换流站工程施工招标清单中，"外购土回填"及"土方掺石灰"清单内容及报价见表3-2-1。

表3-2-1　　　　　　某换流站工程"外购土回填"及"土方掺石灰"清单子目投标报价

项目名称	项目特征	单位	工程量	综合单价（万元）
外购土回填	（1）土质要求黏土、粉质黏土、含砾中粗砂； （2）密实度要求：0.943，夯填（碾压）或松填：分层碾压、夯实	m^3	401 290.5	37.9
土方掺石灰	掺石灰比例：平均6％	m^3	24 100.0	89.53

实际施工时，全站土方均为回填掺6％石灰的土方，结算时"土方掺石灰"工程量应为灰土量还是仅计算石灰量存在较大争议，施工单位送审及核定情况见表3-2-2。

表3-2-2　　　　　　某换流站工程"外购土回填"及"土方掺石灰"清单子目结算表

序号	项目名称	单位	工程量	综合单价（万元）	合价（万元）
一、	施工单位送审				
1	外购土回填	m^3	282 032.4	37.90	1069
2	土方掺石灰	m^3	298 056.4	89.53	2668
	合计				3737
二、	核定结算				
1	外购土回填	m^3	282 032.4	37.90	1069
2	石灰材料费	m^3	16 024	514.3	824
3	石灰拌合	m^3	298 056.4	10.03	299
	合计				2192
	核减				1545

【案例分析】

一、审核依据

招标工程量清单、投标报价。

《××市政工程计价定额第二册道路工程（2014年版）》。

二、审核过程

经核实投标报价，土方掺石灰项套用电力定额YT2-131（换填灰土）子目，该子目为灰土费用而非石灰主材费用，外购土回填套用电力定额YT1-94（填土碾压）子目，该子目为回填土，并非灰土。因此认定土方掺石灰清单是灰土费用清单，又因灰土项目特征发生变化，需对灰土重新组价。经协调，新增组价尽量参照已有的投标报价的内容组价，重新组价测算方式如下：根据项目特征对土方掺石灰5‰重新组价，计算石灰材料费及石灰拌合费，其中，石灰材料费参照投标已有的材料价，并乘以定额中的压实系数，管理费和利润的取费费率参照投标报价费率，综合单价为514.3元/m³；石灰拌合费参江苏省市政2-72定额中的推土机及拌合机的机械费，并按合同约定进行取费，综合单价为10元/m³。

【指导意见/参考做法】

招标工程量清单应详细描述项目特征，尤其涉及费用容易引起争议的部分，信息准确描述，各清单项的逻辑关系准确表述。

案例8 换流站增加基础防腐处理方案

【案例描述】

某换流站在初步设计阶段，对于基础防腐方面的要求，根据易溶盐土样分析结果确定为"垫层采用沥青混凝土形式；以腐蚀性土作为持力层的部分基础采用钢筋阻锈剂，未达到腐蚀性土作为持力层的原则上未考虑采用钢筋阻锈剂"。

至施工图设计阶段，考虑到现场施工时全站开挖的土石方需要在全站范围内平衡处理、综合调配的具体情况，采用沥青混凝土不易施工且工期长等因素，设计单位提出如下调整方案：已施工的沥青混凝土垫层不变，未施工的垫层统一更换为碎石灌沥青；考虑到回填土中均混有含腐蚀性的土方，各处基础混凝土中均采用钢筋阻锈剂。

【案例分析】

招标清单依据初步设计资料提出，鉴于上述施工图设计阶段的重大变化，关于垫层和钢筋阻锈剂的结算单价势必需要调整，考虑到各家报价水平不一，在充分尊重原投标报价和现场实际变化的基础上，建设管理单位提出了"分析原投标报价，在准确测算市场价格的基础上，按照型式变化补充差价"的调整策略。

【指导意见/参考做法】

（1）为准确控制该变化带来的费用变化，合理确定造价水平，建设管理单位组织相关参建单位召开多次专题会议进行方案讨论、比选，调价原则确定及相应费用变化情况测算。会议同意以设计单位提出的采用预算定额测算垫层变化的计价原则，明确了各垫层型式的指导单价，从而形成了碎石灌沥青垫层比C15素混凝土垫层造价高出63元/m³，沥青混凝土垫层比碎石灌沥青垫层造价高出221元/m³，增加钢筋阻锈剂按照35元/m³作为指导价格。各方可参照原投标报价及上述差价直接乘以实际工程量结算总价。按照上述方式测算总价，较招标阶段同口径费用减少投资约17万元。

（2）招标阶段，应充分考虑工程实际情况及同类工程设计经验，合理设置工程量清单。工程建设管理过程中，出现了重大的清单项目特征变化时，应充分尊重原投标报价，在分析原投标报价和准确测算新组价的基础上，只补充变化部分的差价，满足合规管理的要求。

案例 9　换流站电抗器基础钢筋绑扎绝缘丝带费用

【案例描述】

招标时，各施工标段在招标工程量清单中平波电抗器基础清单子目的项目特征描述不同，具体如下：

土建 A 包：平波电抗器基础清单子目的项目特征中包含"绝缘丝带数量 2000m"，实际施工时绝缘丝带为 39 420m，预结算绝缘丝带 37 420m，综合单价 3.88 元/m，总价 14.5 万元；核定 37 420m，综合单价 3.88 元/m，总价 14.5 万元。

土建 C 包：招标时平波电抗器基础清单子目的项目特征未描述绝缘丝带相关内容，实际施工绝缘丝带 15 574m，预结算绝缘丝带 15 574m，综合单价 3.42 元/m，总价 5.3 万元；核定 15 574m，综合单价 3.42 元/m，总价 5.3 万元。

【案例分析】

（1）审核依据：

1）施工合同专用条款第 16.2 款"合同价格调整的范围包括：法律法规变化、工程量变化、工程变更及签证、项目特征不符……"。

2）招标工程量清单。

3）施工合同关于新增单价的相关约定。

4）投标报价中投标费率。

（2）审核过程：经沟通，按图纸计算出的工程量与招标清单中项目描述工程量不一致时，新增部分可以单独计价。土建 A 包因招标工程量清单中已列 2000 个，结算时应将工程量清单已描述的数量核减，预结算及结算审核核定工程量均为 37 420m；土建 C 包因项目特征未描述，结算时将全部绝缘丝带工程量进行新增。两个标段均借用 YT20 - 30×0.3（软套管）套用相应定额子目，费率按各自合同约定执行。

【指导意见/参考做法】

若设计单位在招标时无法准确算出绝缘丝带的数量，招标工程量清单仅描述电抗器中绝缘丝带做法即可，数量及单价可由施工单位报价时自行测算。

结算审核单位审核时，应注意项目特征中已描述的内容及数量，新增单价时应将已描述部分扣掉。

案例 10　换流站避雷针组立工程量变化较大时的清单单价

【案例描述】

某换流站独立避雷针塔由于工程量变化较大，结算时重组综合单价，预结算综合单价 6120.9 元/t，审核单位认为该组价不合理，费用偏高。最终核定单价 3524.7 元/t，核减施工费用 33.2 万元。

【案例分析】

一、审核依据

（1）某换流站工程施工招标工程量清单避雷针塔清单子目设置见表 3-2-3。

表 3-2-3 　　　　　　　　某换流站工程施工招标工程量清单避雷针塔清单子目

项目编码	项目名称	项目特征	计量单位	工程量	备注
HT4101K21001	避雷针塔	1. 安装高度：30m 以外 2. 材质：钢管	t	5.300	材料甲供

（2）招标工程量清单其他说明：包 C 负责……承包区域内架空线和避雷设施安装……

（3）招标文件技术部分 5.1　工作范围 1）全站构支架、独立避雷线塔（针）、换流变压器进线构架等的安装，包括构支架根部混凝土灌浆，构支架安装后杯口内细石混凝土灌浆和柱脚混凝土保护帽的浇筑。

（4）招标澄清 1 号问题 14：建筑分部分项工程量清单中的构支架是否为包含土方及基础施工？答：不包含土方及基础施工，仅为安装。

（5）施工合同专用条款"16.3.3（4）a……经合同各方共同确认该项目的综合单价明显偏离正常合理范围的，超出原招标工程量以外实际增加完成的工程量部分所采用的综合单价，可由合同各方协商另行确定；当工程变更导致该清单项目的工程量发生变化，所引起的合同费用调整变化，执行发包人提供的 DL/T 5341—2011 中第 9.6.2 条的规定"。

（6）DL/T 5341—2011 中第 9.6.2 条：对于任一招标工程量清单项目，如果工程量偏差和第 9.3 条规定的工程变更等原因导致工程量偏差超过 15%，调整的原则为：当工程量增加超过 15% 以上时，其增加部分的工程量的综合单价应予调低；当工程量减少超过 15% 时，减少后剩余部分的工程量的综合单价应予调高。

（7）当时现行的《电力建设工程概算定额（2013 年版）　第一册　建筑工程》第九章说明部分第 14 条"避雷针塔工程包括土方施工，浇制独立基础、钢筋制作与安装、预埋铁件、二次灌浆、基础抹面、浇制混凝土保护帽、避雷针塔组装与安装、安拆脚手架等工作内容。"

二、审核过程

避雷针塔招标量 5.3t，中标综合单价 12 375.9 元/t，经分析该中标单价，施工单位报价采用定额为概算定额 GT9-148，定额工作内容含避雷针塔基础制作，与施工招标承包范围不符，已偏离正常合理报价范围。避雷针塔竣工图量为 134t，相比招标量变化较大。根据施工合同专用条款 16.3.3（4）a 及 DL/T 5341—2011 中第 9.6.2 条相关规定，对竣工图量超出合同量 15% 部分调减价格，重新进行组价。

预结算采取的组价原则为：重组避雷针塔基础制作的价格，以原投标单价扣除基础制作费用后剩余部分为新组综合单价，计算结果为 6120.9 元/t，重组部分金额 78.3 万元。

审核单位认为预结算所组单价存在以下问题：

（1）该组价扣除工作内容事项不全面，土方、模板制作等工作内容并未扣除。

（2）所扣减基础、钢筋等工程量为测算量，低于原投标定额中同等工作内容的含量。

（3）所扣减材料价格为装材价格，与原投标价格水平不符。

经审核单位分析，原中标单价中的人材机消耗量与概算定额一致，施工单位投标时未对含量做其他调整，故本次结算时将其人材机含量中与承包范围不符的内容全部扣除，包括圆钢、混凝土、铁丝、水、夯实机、卷扬机、混凝土搅拌器等，最终核定单价为 3524.7 元/t，核定重组部分金额 45.1 万元，核减施工费用 33.2 万元。

【指导意见/参考做法】

参考原中标单价组价时，最关键的因素在于对原中标单价的价格组成进行深度分析，比如分析其费用组成、工作内容、费用计算方式等。若分析深度不足，将导致重组价格不准确、不合理，需审核方特别注意。

案例 11 换流站钢结构防火涂料实际实施超出图纸范围

【案例描述】

根据 2015 年 5 月 1 日起实施的《建筑设计防火规范》（GB 50016—2014），某换流站站双极高低端阀厅、主辅控楼、备品备件库等钢结构需执行更高的防火要求，设计单位出具了钢结构喷涂防火涂料的重大设计变更，并经原初步设计评审单位评审。施工图纸要求需涂装防火涂料构件包括钢柱、钢屋架和山墙顶梁。施工单位实际将除了包裹防火板的钢构件外全部进行了防火涂料喷涂，且所有构件需要刷（喷）面漆及补漆，并要求按实际喷涂全部构件面积计入结算。结算争议工程量 19 316m²、费用 224.8 万元。预结算 608.7 万元，核定为 383.9 万元，核减224.8 万元。

【案例分析】

一、审核依据

施工合同专用条款"合同价款调整时所依据的工程量按照审定的施工图工程量（包括发包人认可的设计变更与现场签证量）计算"。

二、审核过程

预结算按照现场施工实际工程量计算为 52 296m²。审核单位依据施工图纸计算工程量为32 980m²，核减工程量 19 316m²，核减费用 224.8 万元。施工单位超出施工图纸施工部分，费用由施工单位自行承担。

【指导意见/参考做法】

施工结算中，应严格依据施工图纸计算工程量，超出施工图纸要求的施工部分应由施工单位自行承担相应费用。

案例 12　换流站井池清单子目计算规则不同

【案例描述】

某换流站四通一平工程招标工程量包括消能沉砂池、工业废水蒸发池、站外集雨池，项目编码均为 M33，对应的清单计算规则为"按照井、池净空体积（容积）计算工程量"，预结算按照容积计算工程量，审核单位按照消能沉砂池、工业废水蒸发池、站外集雨池混凝土体积计算工程量，具体情况见表 3-2-4。

表 3-2-4　　　　　　某换流站四通一平工程"消能沉砂池"等清单子目结算表

清单项目	预结算		核定结算		核定−预结算		备注
	工程量（m³）	金额（万元）	工程量（m³）	金额（万元）	工程量（m³）	金额（万元）	
消能沉砂池	154.9	17.1	154.9	17.1	0	0	清单备注"容积"
工业废水蒸发池	678.9	75	382.9	22.7	−296.0	−52.3	容积 1750m³
站外集雨池	1325.78	147.3	752.8	44.6	−573.0	−102.7	容积 2625m³
合计	2159.5	239.4	1290.6	84.4	−868.9	−155.0	

【案例分析】

一、审核依据

工程量清单计价规范 M33 编码井池计算规则为"按照井、池净空体积（容积）计算工程量"。

《电力建设工程预算定额（2013 年版）》：消能沉砂池容积小于 500m³，计算规则为"按照井、池净空体积（容积）计算工程量，不扣除井或池内设备、支墩、支柱、管道等所占的体积"；工业废水蒸发池、站外集雨池容积大于 500m³，计算规则为"按混凝土体积以 m³ 计算工程量"。

招标工程量清单：消能沉砂池清单备注为"容积"，对应清单、定额计算规则全部为容积；工业废水蒸发池、站外集雨池清单备注容积分别为 1750m³、2625m³，清单工程量分别为 360m³、720m³。

二、审核过程

消能沉砂池容积小于 500m³ 计算规则无争议，按容积计算工程量。工业废水蒸发池、站外集雨池：根据招标清单备注及工程量对比，与施工单位沟通结算原则，工业废水蒸发池、站外集雨池按照混凝土体积计算工程量符合结算要求。

【指导意见/参考做法】

招标工程量清单项目特征描述应全面、准确，避免出现结算理解的歧义。

建议招标清单根据井池容积大小区别列项，计算规则宜与概算定额匹配，根据容积大小分别按混凝土体积或容积计算，容积小于等于 500m³ 的井池按容积计算工程量，容积大于 500m³ 的井池按混凝土体积计算工程量。

案例 13 换流站图纸未标识措施钢筋用量

【案例描述】

某换流站 500kV GIS 基础措施钢筋计算规则产生争议，施工单位认为应按照实际施工时措施钢筋用量计算，审核时根据定额规定计算。施工单位上报工程量 166t，结算核定工程量 10.4t，核减 155.6t，核减 60 万元。

【案例分析】

一、审核依据

《电力建设工程预算定额（2013 年版） 第一册 建筑工程（上册）》第四章混凝土与钢筋、铁件工程中工程量计算规则第 4 条第（4）款"施工措施钢筋用量依据批准的施工组织设计计算。无批准的施工组织设计时，……构筑物施工措施钢筋用量按照单位工程施工图设计钢筋用量与连接用量之和 2% 计算。"

二、审核过程

500kV GIS 竣工图纸中未标注措施钢筋，施工单位提出按照实际施工的措施钢筋用量进行结算，经核实施工单位上报的施工组织措施方案中未提及措施钢筋，结算审核依据《电力建设工程预算定额（2013 年版） 第一册 建筑工程（上册）》，措施钢筋用量按照单位工程竣工图设计钢筋用量与连接用量之和 2% 计算。施工单位上报措施钢筋 166t，按照定额说明计算措施钢筋为 10.4t，核减 155.6t，核减 60 万元。

【指导意见/参考做法】

本案例由于设计单位在图纸中明确要求的措施钢筋规格高于常规，导致结算施工费用增加。建议大体积混凝土工程招标时需明确措施钢筋是否包含在投标综合报价中，如遇复杂结构必须说明的，需在招标文件中予以明确，并由施工单位自行考虑进行报价，以免引起结算争议。

案例 14 换流站站外道路护坡面积图纸标识不一致

【案例描述】

某换流站站外道路护坡建设管理单位预结算量为竣工图"进站道路统计表"中护坡面积，审核单位按竣工图尺寸计算的工程量，与图纸统计表量不一致。预结算工程量 5933m²，预结算费用 140.9 万元，核定工程量 3692m²、核定结算 87.7 万元，核减工程量 2241m²、核减 53.2 万元。单价无争议，为合同单价。

【案例分析】

一、审核依据

（1）招标工程量清单：招标工程量为浆砌石护坡工程量为 3200m²。

（2）投标报价文件：投标报价中护坡定额组价时定额工程量为 3200m³。

二、审核过程

审核单位按照图纸的道路纵断面图分段计算高程差，结合护坡的横断面图计算出的面积，发现与图纸"进站道路统计表"面积不一致。

经沟通，竣工图统计表中工程量为设计与施工单位现场确认的结果，因护坡厚度为300mm，护脚处厚度为600mm，设计单位把护脚处的面积进行了折算，竣工图增加面积约2241m²。

审核单位经分析，按图纸计算的面积接近招标量，以此推断招标时未考虑护脚折算，同时分析投标报价，投标时考虑护坡厚度为1m。

根据以上分析，核定以图纸计算的面积（不考虑厚度差异）结算，工程量为3692m²，核定为87.7万元，核减53.2万元。

【指导意见/参考做法】

设计单位应加强竣工图工程量的把关，在招标清单列项时详细描述厚度、坡脚形式等项目特征。

审核时需按照结算的计算口径进行核定，结算原则存在争议时，不能简单按图纸标示量确认，应按竣工图进行计算复核，同时深入研究规范、招标文件约定、投标报价组成，确定结算审核的原则。

案例15　换流站格构式构架工程量计算规则理解差异

【案例描述】

某换流站预结算格构式构架中异型构件按设计图示尺寸面积，以质量计算。审核单位根据合同要求按实际形状计算净量。争议工程量206t，涉及结算施工费用51万元、物资材料费用166万元。经协调，施工预结算722万元，核定为671万元，核减51万元；物资预结算2354万元，建议核减材料费166万元。

【案例分析】

一、审核依据

（1）招标文件《工程量清单增补项目工程量计算规则表》明确不计算损耗量。

（2）建设工程工程量清单计价规范，清单说明中明确切边切角为损耗量。

（3）施工合同条款"17.1.2工程的计量应以净值为准，除非合同另有约定"。

二、审核过程

结算时因无法通过竣工图纸按工程量计算规则准确计算，经建设管理单位协调供货厂家提供深化设计图纸（750kV交流场区域GL-1和GZ-1、交流滤波器场GL-3A和GZ-1A），并与设计单位分区域计算工程量损耗率。审核比对发现深化图纸构件尺寸比图纸材料表大，认为厂家深化图可信度不高。而后各方人员对有条件进行测量的交流器场750kV构架钢柱GZ-1和交流滤波器场钢柱GZ-1A有切边切角的不规则构件分别进行测量（第1次建设管理、审核、监理、施工单位参加，第2次增加设计和供货厂家参加），并确认记录截图，据此进一步核算工程量。

预结算全部异型构件按方形板计算重量，750kV 交流场区域 1726t、交流滤波器场区域 1182t。核定结算钢柱工程量，按取样测算重量与图纸重量计算损耗率，分区域计算；钢梁不具备测量条件，按设计与供货厂家共同复核工程量文件与图纸重量确定损耗率，分区域计算。核定 750kV 交流场区域 1600t、核减材料量 126t，交流滤波器场区域核减材料量 80t、核减安装费共 51 万元。

【指导意见/参考做法】

提供给审核单位的设计图纸应为经审核的竣工图纸或最终版施工图纸，以及完整的变更、签证。重视施工过程甲供物资进场验收，应对容易出现问题的构件尺寸进行现场抽样测量，确保到货构件尺寸与施工图纸一致。严格按照工程量计算规则进行施工结算。

案例 16 换流站构支架安装与物资工程量不一致

【案例描述】

换流站换流变压器进线、500kV 构架、交流场、直流场构支架施工及物资预结算均包含了加工损耗，审核单位根据物资及施工合同约定按净重结算。施工预结算 1576.5t，共计 341.3 万元；结算核定为 1529.1t，共计 331 万元，较预结算核减 47.4t，共计 10.3 万元。单价无争议，均为合同单价。物资预结算量为 1591.4t，建议最终物资量为 1529.1t，调减 62.3t，调减 48.1 万元。

【案例分析】

一、审核依据

物资结算依据该工程钢构支架物资招标文件技术规范通用部分"1. 上述各部分的钢材重量均为估算，具体工程量和材质以施工图为准；本表工程量为钢结构净重，未包括材料损耗（包括钢结构下料剪切或切割损耗量、切边与切角及形孔的损耗量），加工厂应充分考虑其相关因素，最终结算按施工图给出的钢结构净重结算"。

施工结算依据当时现行的《电力建设工程工程量清单计算规范 变电工程》（DL/T 5341—2011）"A.9 构筑物工程 K12 钢管构架按照钢管构架重量计算，包括插入基础部分钢结构重量或法兰盘与螺栓重量。不计算损耗量（包括钢结构下料剪切或切割损耗量、切边与切角及形孔的损耗量）"。

二、审核过程

结算审核时对比竣工图量及构支架核算书（物资结算量），两者差异在物资结算量包含加工损耗（包括钢结构下料剪切或切割损耗量、切边与切角及形孔的损耗量），按照物资招标文件技术规范书约定，物资结算量应为加工成品量。

后经过物资供货厂家、设计单位、监理单位、施工单位、审核单位沟通，物资和施工结算原则应均为设计图示尺寸。施工安装结算核减 47.4t，核减 10.3 万元；物资结算建议调减 62.3t，核减 48.1 万元。

【指导意见/参考做法】

物资结算时应仔细阅读招标文件、物资合同等，关注损耗等事项，严格按约定进行结算。

建设管理单位在预结算阶段应及时组织设计、监理、施工等单位核对竣工图，保证竣工图量及结算量准确。

案例 17 换流站电缆长度图纸标识不一致

【案例描述】

换流站预结算中，电缆、控缆按电缆清册计算敷设工程量。审核单位根据合同规定按竣工图水平、垂直、附加长度之和计算工程量。争议工程量 109.6km，预结算 5087 万元，最终核减相应工程量，结算费用核定为 4902 万元，核减施工结算安装、材料费用 185 万元。

【案例分析】

一、审核依据

（1）××站电气安装工程采用《电力建设工程工程量清单计算规范 变电工程》（DL/T 5341—2011）进行施工招标，电缆长度计算规则在 DL/T 5341—2011 规定为"按设计图示数量计算"。

（2）《电力建设工程预算定额（2013 年版）使用指南 第三册 电气设备安装工程 通信工程调试工程》（简称《指南》）第三条第二款"电力敷设按延长米计算其长度应根据全路径的水平和垂直长度另加按表 3-8-1 规定的附加长度计算"。

表 3-8-1 电 缆 敷 设 长 度

序号	项目	附加长度	备注
1	电缆敷设弛度、弯度、交叉	2.5%	按路径全长计算
2	电缆进入建筑物	2.0m	规程规定的最小值
3	电缆进入电缆沟或引上吊架时	1.5m	规程规定的最小值
4	变电站进线、出线	1.5m	规程规定的最小值
5	电力电缆终端头	1.5m	检修余量
6	电缆中间接头盒	两端各留 2.0m	检修余量
7	电缆进入控制、保护屏（台）	高+宽（m）	按屏（台）面尺寸计算
8	电缆进入高压开关柜或配电屏（箱）	2.0m	柜下进出线
9	电缆至电动机（或其他电气设备）	0.5m	从接线盒算起
10	电缆至厂用变压器	3.0m	从地坪算起
11	电缆绕过建（构）筑物梁柱	按实计算	按被绕物断面情况计算
12	电梯电缆与电缆支架固定点间	每处 0.5m	规程规定最小值

（3）关于附加长度 2.5% 的计算基数，《指南》未明确具体计算公式。经查证，《全国统一安装工程预算工程量计算规则》（GYDGZ-201—2000）规定，电缆安装工程量计算公式

$$L = \sum（水平长度＋垂直长度＋各种预留长度）\times（1＋2.5\% 电缆曲折折弯余系数）$$

其中电缆敷设弛度、弯度、交叉预留电缆全长的 2.5%（即公式后半段的系数）。

（4）《指南》P35 第二条第二款"电缆敷设定额未考虑波形增加长度及预留量等富余长度。该

长度应计入工程量之内。"

注 本规定是争议产生的主要原因。《指南》只说应计，但未明确计算公式。

（5）当时的《电力工程电缆设计规范》（GB 50217—2007）5.1.17电缆的计算长度，应包括实际路径长度与附加长度。附加长度宜计入下列因素：

1）电缆敷设路径地形等高差变化、伸缩节或迂回备用裕量。

2）35kV及以上电缆蛇形敷设时的弯曲状影响增加量。

终端或接头制作所需剥截电缆的预留段、电缆引至设备或装置所需的长度。35kV及以下电缆敷设度量时的附加长度，应符合GB 50217—2007附录G的规定。

GB 50217—2007 5.1.18电缆的订货长度，应符合下列规定：3）对35kV及以下电缆用于非长距离时，宜计及整盘电缆中截取后不能利用其剩余段的因素，按计算长度计入5%～10%的裕量，作为同型号规格电缆的订货长度。

二、审核过程

（1）根据GB 50217—2007可知，设计长度＝电缆敷设路径长度＋电缆预留量＋迂回备用裕量＋蛇形敷设增加量＋订货裕量。

（2）《指南》仅明确了电缆敷设路径长度和附加长度（即GB 50217—2007附录G的电缆预留量）的计算方式，对迂回备用裕量、蛇形敷设增加量只提到应作为基本长度计算在工程量中，但未提供计算方法；对检修预留量定额规定的是电缆头检修最低长度×3次，即0.5m×3次＝1.5m。

（3）电缆设计总长度与定额测量长度的偏差对比见表3-2-5。

表3-2-5 　　　　　　　　　电缆设计总长度与定额测量长度的偏差对比表

序号	项目名称	GB 50217—2007		《指南》		两者差别
		是否包括	计量方式	是否包括	计量方式	
1	水平长度	是	图纸水平长度	是	图纸水平长度	无
2	垂直长度	是	图纸垂直长度	是	图纸垂直长度	无
3	附加长度/电缆预留量	是	上述长度之和的5%	是	表3-8-1	算法有区别，但总体接近
4	迂回备用裕量	是	无算法规定，设计采用系数考虑	否	无算法规定	设计必须考虑，但结算审核由于缺少算法公式，可能导致遗漏此项
5	蛇形敷设增加量	是	无算法规定，设计采用系数考虑	否	无算法规定	设计必须考虑，但结算审核由于缺少算法公式，可能导致遗漏此项
6	检修预留量	是	无算法规定，设计采用系数考虑	部分	只含电缆头最低量，其余未考虑	设计必须考虑，但结算审核由于缺少算法公式，可能导致遗漏此项
7	订货长度增加量	是	上述长度之和的5%～10%	否	不应计量	设计必然考虑增加，但审核单位通常忽略此项
8	损耗	否	个别设计单位自行考虑增加的系数	否	不应计量	此项为设计单位概念错误，不应属于设计范围，应为施工范围

【指导意见/参考做法】

设计电缆长度与审核单位测量电缆长度的争议，产生根源是双方工作规范不同，导致双方计算结果产生差异。

（1）结算审核建议。对于应计量但造价规范未明确计算规则的内容，审核单位应与设计单位沟通确定计算方式计入结算，否则将导致施工单位经济损失，有违结算审核的公平公正原则。

（2）设计建议。建议设计单位将电缆设计长度计算规则在图纸中明确，为各单位提供参考，以免结算争议出现。

（3）施工管理建议。施工现场应做好电缆敷设记录，将每根敷设电缆的长度进行统计整理，作为施工资料保存的同时也可以作为结算依据。

案例 18　换流站 PRTV 涂料图纸标识不一致

【案例描述】

换流站电气 C 包绝缘子串 PRTV 涂料：招标时以重量为单位，招标工程量 3t，预结算工程量为竣工图材料表重量，审核单位经计算的涂料理论重量与竣工图纸材料表不一致。经协调，预结算 10.1t 共计 247.5 万元，核定 9.1t 共计 223 万元，核减 1t 共计 24.5 万元。

【案例分析】

一、审核依据

（1）施工合同专用条款"17.1.2 计量方法（补充）：工程的计量应以净值为准，除非合同另有约定"。

（2）厂家提供的绝缘子表面积技术参数。

二、审核过程

审核单位测算、核定每片绝缘子重量情况如下（以常用型号 XWP2－100 为例）：

（1）按厂家提供绝缘子表面积计算出 PRTV 涂料重为 0.3kg/片，与预结算及图纸 0.8kg/片对比，确定竣工图纸量包含损耗，按合同约定，结算量不应计损耗。

（2）因 PRTV 涂料无可依据的具体计算规则，经协调，参考特高压直流线路工程概算计列 90～105 元/片，综合考虑按 97 元/片，换算表面积反推出该型号绝缘子 PRTV 涂料约 0.7kg/片，最终以此单重计入结算。

按此原则及方法计算，电气 C 包三种绝缘子 PRTV 涂料核定总量为 9.1t，费用核定为 223 万元，核减 24.5 万元。

【指导意见/参考做法】

PRTV 涂料计算规则不明确，设计提供的工程量与计算出的量不一致时，审核时应在合同约定基础上扣除损耗，参考以往工程数据合理确定重量。

若以后工程绝缘子喷涂涂料时，建议招标时招标清单列项工程量单位按元/片或者元/串，避免争议出现。

第三节 线路工程结算事项

案例1 线路工程电力定额中土（石）质分类与地勘报告专业术语不匹配

【案例描述】

某输电线路工程施工单位按照施工图纸完成铁塔基础施工，工程结算时，将"泥质灰岩（强风化）"土质按"岩石"土质清单项目申请土石方工程量变化的结算。

【案例分析】

设计单位提供的地质勘查报告中，对于基础土石方地质分类描述与该项目执行的《电力建设工程预算定额（2013年版） 输电线路工程》（简称《预算定额》）中土石方地质分类描述不一致。地质勘查报告采用地质专业术语对地质分类进行描述，《预算定额》根据开挖难易程度对土石方地质进行分类定义，两者之间无法直接匹配，如地质勘查报告基础土石方地质分类为"粉质黏土：可塑状""粉质黏土：硬塑状""粉土""泥质灰岩（强风化）"等；而《预算定额》土石方地质分类为普通土、坚土、松砂石、岩石、泥水、流砂、干砂、水坑。

【指导意见/参考做法】

（1）该项目施工合同约定工程量计算执行《电力建设工程工程量清单计价规范 输电线路工程》（DL/T5205－2011）。该规范约定土石方工程计量时各类土、石质按设计地质资料确定，按《预算定额》中土、石质分类定义。《预算定额》土、石质分类定义：岩石是指不能用一般挖掘工具进行开挖的各类岩石，必须采用打眼、爆破或部分用风镐打凿才能挖掘的土质；松砂石是指碎石、卵石和土的混合体，各种不坚实砾岩、叶岩、风化岩，节理和裂缝较多的岩石等（不需要用爆破方法开采的），需要镐、撬棍、大锤、楔子等工具配合才能挖掘的土质。根据强风化泥质灰岩的物理特性（结构大部分破坏，矿物成分显著变化，风化裂隙发育，岩体破碎，用镐可挖，干钻不易钻进）判断，泥质灰岩（强风化）应按照"松砂石"清单项目结算。

（2）设计单位结合现场实际土质情况出具地勘报告，其中对于基础土层分类的描述，应与《预算定额》中土层分类描述进行对应说明，结算时按照设计说明对土质进行划分；根据地质勘测报告进行土质划分，对结算存在异议的部分，由施工单位提供现场开挖影像资料及监理单位提供的分坑验槽记录进一步确定。

案例2 线路工程甲供物资采购结算量与施工结算工程量不一致

【案例描述】

本案例具有代表性的事件如下：

（1）某输电线路工程依据竣工图计算的塔材重量，与物资合同结算的塔材重不一致。

（2）某输电线路工程依据竣工图长度计算的导线重量，与物资合同结算的重量不一致。

【案例分析】

（1）设计单位提供给供货单位（厂家）的铁塔加工图纸，厂家以大代小或者材料规格型号进行调整，设计单位没有及时对厂家的变更进行审批，且未将此变化体现至竣工图。

（2）物资供货单位超供物资后，没有及时回收。

（3）施工单位对甲供物资使用管理没有严格控制，造成施工损耗过大，同时，施工单位对超供物资也没有及时向物资供应单位办理退库手续。

（4）甲供物资部分用于试验或作为备品备件，施工单位没有及时履行移交程序。

（5）竣工图编制未考虑甲供物资变更因素。

（6）物资合同结算工程量的计量规则与施工合同结算工程量的计量规则不对应，如导线供货的计量单位为"t"，施工费用结算单位为"km"，以及对弧垂、跳线数量等因素考虑不到位。

【指导意见/参考做法】

（1）设计单位在竣工图中准确计列甲供物资数量。设计单位作为甲供物资的提资单位，在施工过程中应及时将甲供物资设计变更或变更联系单提交至业主项目部；在竣工图编制阶段，应与甲供物资管理单位详细核对甲供物资工程量，及时修订、完善竣工图，真实、准确地反映工程施工的实际情况，避免由于竣工图没有及时修订而出现"超额领料"的假象。

（2）加强对施工单位使用甲供物资的管理。根据合同约定，甲供物资安装施工结算工程量不超过施工图纸净量与定额规定的损耗。施工单位施工过程中应严格按规定在最大结算工程量范围内使用，及时将超出部分的甲供物资退还给物资供应单位，并办理相关确认手续，备品备件或试验物资应履行移交手续。对于设计变更造成的甲供物资数量增加，施工单位将相关数量编制到竣工草图上，并反馈设计单位纳入竣工图纸。

（3）加强采购、入库、出库及回收环节管理。物资管理单位组织相关单位对甲供物资供应量进行会审、确认，避免过量采购或采购不足，在甲供采购合同中应明确相应的供应损耗。甲供物资到现场后，物资管理单位应会同设计、监理及施工单位开箱检验办理入库手续，现场移交施工单位的物资，及时取得施工单位接收证明。工程结束后，对变更签证及时处理，根据设计单位提供的竣工图纸与供货厂商及时办理结算手续，提高甲供材结算的时效性。对于超供部分尽快处置回收，形成处置回收意见并报建设管理单位确认。

案例 3　线路工程赔偿协议无明细

【案例描述】

某输电线路工程，属地电力公司与政府签订工程建设相关补偿协议，补偿协议为总价包干，政府方面不提供费用构成明细。

【案例分析】

（1）部分建设场地征用及清理费协议签订不规范，协议方未提供与协议补偿内容相关的赔付标准依据，且无协议项目及费用明细。

（2）部分建设场地征用及清理费协议约定的总价包干结算方式不完全合理，导致协议方不提供实际赔偿资料明细，造成工程结算依据性不足。

（3）工程现场拆迁工作必须依靠当地政府开展，建设管理单位与地方政府沟通不充分、不到位，工程实施未取得很好成效。

【指导意见/参考做法】

加强沟通协调，争取地方政府支持。属地电力公司应向当地政府部门申请将特高压工程列入省（市）重点工程，促进政府部门相关工作的规范性、标准化、透明化。完善建设场地征用及清理费相关支撑资料，确保支撑资料真实有效，赔偿协议及价格应依据充分，有力推进通道清理进度。

案例4　线路工程赔偿协议中的赔偿数量及价格超文件规定

【案例描述】

本案例具有代表性的事件如下：

（1）某输电线路工程属地公司与政府签订补偿协议，协议中的青苗补偿费、塔基征地费及房屋拆迁费均高于批准概算价格，也高于相关文件的赔偿标准。

（2）某输电线路工程属地公司与政府签订补偿协议，协议中的塔基征地面积多于根据设计规定计算的面积。

【案例分析】

（1）随着当时《物权法》和相关法规的实施，老百姓维权意识增强，民众对土地价值的认知水平提高，而输电线路的建设限制了土地的增值空间与发展空间，同时市场上土地拍卖的价格比政府公用征地的价格高出很多，被征用的土地持有者不同意按政府几年前出台的文件标准执行补偿。

（2）随着经历的国家大型基建项目增多及网络信息的畅通，老百姓维权意识提高，赔偿经验逐年丰富，一般会要求塔基征用后无法利用的边角剩地一并纳入征地范围，造成塔基实际征地面积高出设计面积。

（3）输电线路通常途经不同的行政区域，各地的用地补偿政策标准存在差异，各级政府也会以会议纪要的形式对专项工程制定补偿标准，不同地类的补偿标准各不相同，相邻地区会出现"同地不同价"现象。

【指导意见/参考做法】

（1）争取各级政府根据项目出台赔偿标准。属地公司应加强与政府部门协调力度，促成省、市、县等各级政府部门出台有关加强电网建设的制度文件和拆迁补偿费用标准文件，积极宣传国家及国家电网有限公司相关管理规定，取得被赔偿人理解和支持。

（2）加强建设场地征用及清理费变更工作管理。根据现场实际情况，对于超范围赔偿的，属地公司应办理现场签证手续，注明数量增加或范围扩大的原因，监理单位与设计单位进行核实，审核同意后签署赔偿协议，并将现场签证内容反映到竣工图上。

案例 5　线路工程赔偿标准依据不充分

【案例描述】

本案例具有代表性的事件如下：

（1）某输电线路工程某标段房屋拆迁安置方式多样，有置换房安置、货币安置、集中安置等，而安置进度最慢的是置换房安置和集中安置。由于受征地等因素影响，有的安置小区正在建设中或尚未建设，安置工作时间可长达数年，无法确定具体的费用结算标准。

（2）某项目委托政府部门开展建设场地征用及清理费赔付工作，政府部门提出需要单列一项工作经费，但政府部门提供不出具体政策标准。

（3）某项目属地公司在赔付协议上列支一些不合规费用，如某赔付协议内容出现镇政府赞助费、派出所协调费用等。

（4）某项目属地公司签订的赔偿协议标准不明确，如地方电力部门施工停电补偿款、变电站小型水库废弃补偿款等，无相关赔偿依据。

【案例分析】

（1）大面积房屋拆迁涉及城乡规划，地方政府工作推进力度难以满足项目结算要求。

（2）赔偿标准弹性较大，无法准确把控。

（3）政府相关部门在建设场地征用及清理工作中积极协调，协助属地公司开展"维稳"工作，支付了一部分工作经费或者餐饮补助费用。

【指导意见/参考做法】

（1）强化与政府部门协调力度。根据工程建设进度及结算时限要求，属地公司依据赔偿协议及国家相关政策，积极主动与地方政府沟通，在规定的时限内完成最终结算协议的签订。

（2）对于类似工作经费等费用，争取政府部门出具相关文件，使得费用计列有依据。

（3）通过第三方取得赔偿支撑性依据。可以通过评估及第三方审核报告作为赔偿支撑性依据。

案例 6　线路工程赔偿资金支付管理不规范

【案例描述】

本案例具有代表性的事件如下：

（1）某项目属地公司没有及时签订最终结算协议。某项目属地公司上报建设场地征用及清理费用结算书，其中属地公司与乡人民政府签署了损毁道路补偿协议并予以支付，经核对属地公司财务凭证，实际赔付金额小于协议签订金额。

（2）某项目建设场地征用及清理费赔付出现以现金支付的青赔款项，原始凭证存在瑕疵，如收据不合规、签章不齐全、公章版式不同、青赔款收款人与协议签订人不一致、协议内容重复等。

（3）某项目属地公司代施工单位支付建设场地征用及清理费，属地公司没有及时与施工单位签订相关协议及扣回代付费用。

（4）某项目属地公司资金拨付无管控、无依据。如输电线路某标段签署了2份协议、3份补充协议，涉及金额2000万元，均未附明细，且补充协议均表述"根据工程实际进度，暂急需增加补充补偿协议款400万元"，签署补充协议、付款时均未出具相关明细及签订合同的依据，无法进行资金管控。

（5）某输电线路工程属地公司未将房屋征收调查表、房屋测绘图、房屋照片、评估报告、补偿协议书、被拆迁房屋交接单、合法建筑面积证明、货币及迁建安置的银行转账记录、收据等资料系统整理。提交的建设场地征用及清理费结算资料手续不齐全，缺少赔偿协议，对个人的赔偿无签字、手印、身份证复印件等，部分赔偿采取现金赔付的方式，无银行往来凭证。

【案例分析】

（1）签订补偿协议为暂定价，赔偿结束后，没有根据实际赔偿数量签订最终结算协议，造成资金支付无依据。

（2）属地公司及承包人各自承担部分政策处理工作，具体工作由属地公司牵头协调，费用各自承担。为加快工程建设进程，考虑具体操作的及时性、便捷性因素，属地公司垫付了部分费用，后续再与承包人进行划分。实际存在部分属地公司对费用回收工作开展不及时的情况，以及部分单位在实施过程中交流不充分，引起赔偿费用的分摊比例和具体金额存在争议，影响了资金的及时回收。

【指导意见/参考做法】

（1）加强政策法规学习。属地公司组织加强关于通道清理政策法规的培训学习，扩充规范开展工程建设的专业知识；加强并完善公司内部属地政策处理工作规范性要求及实施细则，加强宣贯及经验交流，提高合规性意识及实践能力。

（2）加强建设场地征用及清理费资金使用管理。建设场地征用及清理费资金支付应符合国家电网有限公司相关财务制度规定，做到资金支付依据充分、流向清晰准确、支付凭证资料齐全。赔偿工作完成后，属地公司应尽快及时办理结算协议，垫付费用应按照事先约定的原则，及时结算回收资金。

第四节 结算资料方面

案例1 结算支撑性资料内容不完整、不齐全

【案例描述】

某项目结算时，会议纪要、施工组织设计方案或其他支撑性资料内容不完整、不齐全，无法满足结算要求。

【案例分析】

（1）会议纪要及工程方案立足于解决项目建设过程中遇到的特殊事项，但会议纪要或施工组织设计方案编制时，忽略了费用结算的需求。

（2）在相关会议或方案审查的过程中，造价管理人员没有参与，导致费用结算时发现形成的会议纪要或施工方案中涉及费用事项表述不完整，相关费用结算原则也不明确。

【指导意见/参考做法】

（1）从合同及工程实际情况出发，在形成的会议纪要或方案中明确具体事项，同时依据合同约定明确相应费用结算原则。涉及重大方案调整时，应对技术方案进行经济性比选，形成的会议纪要或经审批的施工方案应满足费用准确计算的要求，明确具体的项目内容及相关投入。

（2）工程建设过程中，相关参建单位造价管理人员应根据工程需要，参加涉及费用调整的相关专业会议或方案审查。

案例2 结算支撑性资料未经审批

【案例描述】

本案例具有代表性的事件如下：

（1）某变电站土建工程招标时，装修工程以专业工程暂估价形式列项在"其他项目清单"中。工程结算时，施工单位未按照合同约定提供二次装修方案等工程资料。

（2）某变电站土建工程站区绿化项目，结算时施工单位按一般绿化方案考虑投标报价，实际实施时，绿化细化了设计方案，施工单位认为实际实施远超出投标报价的一般绿化方案费用，申请调增相应费用，但未提供相应变化的绿化方案等资料。

【案例分析】

结算时，施工单位未按合同规定要求提供经审批的装修方案或绿化方案，施工结算支撑资料不齐全。

【指导意见/参考做法】

（1）组织方案评审。施工单位应会同设计单位编制具体的实施方案，报请业主项目部审核，业主项目部组织相关单位对报审方案从技术及经济两方面进行专业评审，形成评审意见。

（2）履行报批手续。业主项目部应将实施方案以及评审意见按管理要求报相关单位进行审批，并按批准的实施方案执行，工程建设过程中，各参建单位均须规范工作流程，完善相关资料。